基因论

——The Theory of the Gene

[美] 托马斯·亨特·摩尔根　著
陆永耕　译

中国科学技术出版社
华 语 教 学 出 版 社
·北　京·

图书在版编目（CIP）数据

基因论 /（美）托马斯·亨特·摩尔根著；陆永耕译 . -- 北京：中国科学技术出版社：华语教学出版社，2023.12

ISBN 978-7-5236-0385-7

Ⅰ. ①基… Ⅱ. ①托… ②陆… Ⅲ. ①基因 – 理论 Ⅳ. ① Q343.1

中国国家版本馆 CIP 数据核字（2023）第 236750 号

总 策 划	秦德继
策划编辑	张敬一　林镇南
责任编辑	剧艳婕　王寅生
特约编审	刘丽刚
封面设计	锋尚设计
版式设计	中文天地
责任校对	邓雪梅
责任印制	马宇晨

出　　版	中国科学技术出版社　华语教学出版社
发　　行	中国科学技术出版社有限公司发行部　华语教学出版社发行部
地　　址	北京市海淀区中关村南大街16号
邮　　编	100081
发行电话	010-62173865
传　　真	010-62173081
网　　址	http://www.cspbooks.com.cn

开　　本	880mm × 1230mm　1/32
字　　数	260千字
印　　张	9.5
版　　次	2023年12月第1版
印　　次	2023年12月第1次印刷
印　　刷	河北鑫兆源印刷有限公司
书　　号	ISBN 978-7-5236-0385-7 / Q · 261
定　　价	79.00元

译 序

如同世界上所有伟大的发明一样，千百年来发生在人们身边司空见惯的花开花落、四季轮回、日月交替，带给人们无限的遐想。有的人想到的是人间悲欢、儿女情长、世事沧桑，但有的人却在挖掘这些司空见惯的表象背后的深意。这里既有有规律可循的轮回现象，也有偶尔发生的突发事件，但背后的原因究竟是什么呢？一个放大镜，一把手术刀，一些简单的排列组合分析，创造了人类最伟大的发明。

任何一个新的技术方法，都会给人类社会带来一系列新的革命，就像现在的互联网 + 的风口一样，许多行业都自觉不自觉地与互联网行业挂钩。把人类社会发展变化与达尔文的进化论相结合，产生了共产主义学说；把基因理论与各种社会现象相结合，产生了道德的谱系、文化的基因等一系列改变人类社会的根本性理念，意义重大，影响深远。

每当一个新的事物出现，西方人总会给它造一个新单词。与西方命名新事物的方式不同，中国人自古就有《辞海》等书籍，讲究的是一个一个的方块字，对于出现的新鲜事物，会在这些书籍里挑选合适的字组合成词汇，形成新事物的名称。我们知道，如果这个事物可以形成这一类组织的最基本结构，对于用西方词汇命名的词，中文翻译时，一般会翻译成一个带“子”的名词，比如分子、原子、电子、核子、质子、孢子、光子、量子……一串串熠熠生辉的名词。诡异的是，这个人类组织结构最基本单元，却使用了“基因”这个名词，现在看来，堪称信达雅的典范。

基因这一看不见摸不着的微小结构体，却决定了世间万物千差万别的内部结构、功能与样貌，大者如参天大树，小者如掌上玩物。我们不仅仅可以看到基因对后代的决定性，同时也可以根据其结构追根溯源，寻找同宗同源的祖先。令人惊奇的是，无论这个结构体处在世界上哪一个高温的荒漠或严寒的孤岛上，或是茂密的高山丛林中，只要能够发育成长，都可以按照遗传进化论的模样发展变化。我们在感叹生命力的顽强与旺盛时，也时时会感到生命体的不确定性与脆弱，哀叹生命的无可奈何。

如果说各学科门类中，存在着所谓的自我完善与革命，基因技术毫无疑问是真正“壮士断腕”的自我革命。在其内部编辑相应结构单元的数目与位置，就可以从根本上改变其性状、性能与种类，甚至其自身，其功能不可谓不强大，其作用不可谓不显著。

如果说基因密码是一种编码的话，那编码所具备的熵值，我们也可以把基因对不同生物体影响的功能，定义为“基因熵”，这无疑将有利于“龙生龙，凤生凤”基因值的量化分析，推而广之，定当受益无穷。

如果说有一种东西能够记忆、承载生命之本，能够穿越历史的时空而历久弥新，那便是基因。

回望基因在人类社会发展中100多年的短暂历史，从被发现、曲折发展、屡屡获奖到如今影响到人类生活的方方面面，我们可以看到，当初历经数次提名才被行业专家接受的生理学或医学奖项实实在在地改变了人类生理学及医学现状，是基因让人类实现了自我革命与自我救赎。

问世间万物，谁主兴衰，基因也。

2023年5月

前　言

对《基因论》修订版的呼吁使我有机会对原文做了几处更正，并使书中的参考文献与原文有了更密切的联系。经过仔细修正，并对遗漏之处做了补充。

在《基因论》第一版出版的那年，我在《生物学季评》上发表了一篇短文，讨论关于性别和受精的问题。这个问题在第一版中没有被提及，尽管它与第一版所讨论的问题密切相关。某些真菌和藻类的正负品系的有性结合，与高等植物卵子受精有关，引起了生物学家感兴趣的一些基本问题。在获得威廉士·威尔金出版社的允许后，我在这里转载了原文中与这个问题有关的部分，作为第十五章的延伸。

在过去的两年中，出现了许多关于染色体数目和数目变化的论文，所以我不可能也没必要在这里做过多补充说明，因为它们大部分只是扩展了《基因论》中所讨论的主题，并没有任何实质的改变。然而，在少数情况下，我对新发现做了简要的说明，特别是扩展了原文中无法详细陈述和证实新成果的情况。

托马斯·亨特·摩尔根

伍兹霍尔·曼斯

1928 年 8 月

目录

▸▸ CONTENTS

第一章
遗传的基本原则

现代遗传学理论是由两个在一种或多种性状上有差异的个体杂交得到的数据推演得出的。就像化学家假设看不见的原子和物理学家假设电子一样，遗传学家假设了看不见的要素，即基因。这三者的共同点是，化学家、物理学家和遗传学家都是通过实验数据得出结论的。只有当这些理论对特定类型的数字和定量做出有效预测时，才体现出它们存在的价值。在这方面，早期的生物理论也假设了看不见的单元，并赋予其任何所需的属性，而基因论彻底改变了这一做法，基因的属性仅从数据中得出。

孟德尔的两条定律

孟德尔的功绩在于发现了遗传的两个基本定律，从而奠定了现代遗传理论的基础。20 世纪以来，学者们所做的工作使我们在同一方向上更加深入，理论更加完善。孟德尔的发现，可以用下面几个熟悉的例子来说明。

孟德尔将一个食用豌豆的高株品种与一个矮株品种杂交。其子代或杂种，即 F_1，[①] 都是高株（见图 1）。这些品种的子代自花受精，孙代（F_2）中高株和矮株的株数比例为 3∶1。如果高株品种在其生殖细胞内含有促使植物变高株的因素，而矮株品种的生殖细胞内含有促成植物变成矮株的因素，那么，杂种就应该含有这两种因素。现在，杂种是高株，显然，当两者结合在一起时，高株是显性，矮株是隐性。

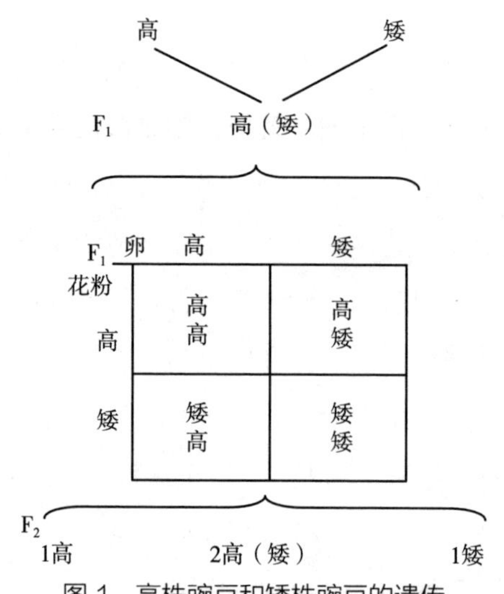

图 1　高株豌豆和矮株豌豆的遗传

高株豌豆与矮株豌豆杂交，在第一代（F_1）中产生了高株豌豆，是“杂种”，即高（矮），杂交一代的配子（卵和花粉粒）重新组合，显示在方格中。孙代或杂交二代（F_2）产生 3 株高株和 1 株矮株。

---

① F_1 读作“杂交一代”，代表子代；F_2 读作“杂交二代”，代表孙代；由此类推。亲（P）代表亲代：P_1 代表父母一代，P_2 代表祖父母一代。——译者注

孟德尔指出，可以用一个非常简单的假设来解释第二代中出现的 3∶1 比例。如果在卵子和花粉粒成熟时，高株基因和矮株基因在杂种中彼此分离，半数的卵子将含高株基因，另一半卵子含矮株基因（见图 1）。花粉粒的情况也是如此。任何花粉粒对任何卵子受精的概率相等，平均会产生 3 高株和 1 矮株的比例。因为，当高的遇到高的要素，会产生高株；当高的遇到矮的要素，也会产生高株；当矮的遇到高的要素，仍会产生高株；当矮的遇到矮的要素，才会产生矮株。

孟德尔对这一假说进行了简单的测试。将杂种同隐性型进行回交。[①] 如果杂种的生殖细胞有两种，即高矮两型，就应该有两种子代，高和矮的数量相等（见图 2）。实验结果证实了这一预想。

卵 F_1 花粉	矮	矮
高	矮 高	矮 高
矮	矮 矮	矮 矮

图 2　杂种豌豆同隐性亲型回交

F_1 杂种“回交”，高（矮）豌豆同隐性型（矮）回交得到的高株和矮株两型，数量各占一半。

高株和矮株之间的关系，也可以通过人类眼睛颜色的遗传来说明。碧眼人同碧眼人婚配，只产生碧眼人；褐眼人同褐眼人婚

① 回交或返交（Backcross），就是把表面上显性的个体回头来同其隐性亲型个体交配的过程，是为了验证前者究竟是纯显性还是只是杂种。——译者注

配，只产生褐眼人，如果褐眼人的祖先都是褐色的。如果一个碧眼人同一个纯正褐眼人婚配，其子女就是褐眼的（见图 3）。如果这类褐眼后代的男女彼此婚配，他们子女的眼睛是褐色与碧眼的比例为 3∶1。

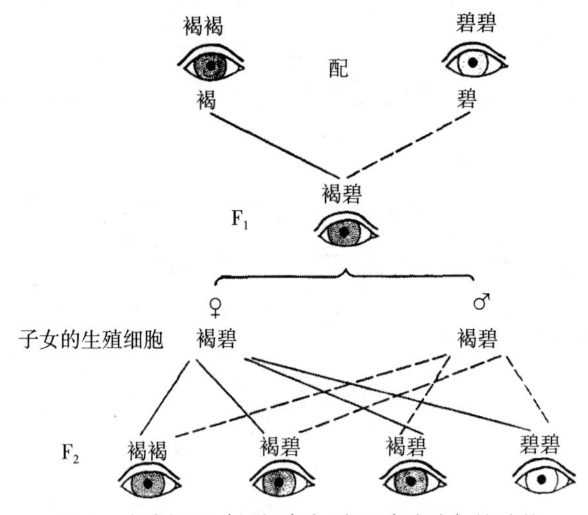

图 3　人类褐眼（褐褐）与碧眼（碧碧）的遗传

如果一个杂种褐眼人（F_1 褐 – 碧）同一个碧眼人婚配，他们的子女一半会有褐眼，一半会有碧眼（见图 4）。

还有一些杂交，也许更能突出地说明孟德尔的第一定律。例如，当红花紫茉莉同白花紫茉莉杂交时，杂种开桃色花（见图5）。如果这些开桃色花的杂交植物自花受精，它们的一些孙代（F_2）就会像一个祖先植株一样开红花，一些像杂种植株一样开桃色花，而另一些像另一个祖先植株一样开白花，三者比例为1∶2∶1。

卵	碧	碧
精子 褐	碧 褐	碧 褐
碧	碧 碧	碧 碧

图 4　杂种褐眼人回交隐性型碧眼人

褐眼的 F_1 杂合碧眼人，回交隐性型的碧眼人，产生褐眼和碧眼两型，数量各半。

在这里，当两个红花的生殖细胞结合，恢复原有的一种亲株花色；两个白花的结合，恢复另一种亲株花色；而红花与白花结合，或白花与红花结合，则会出现杂种组合。F_2 中全部有色花的植株与白花植株的比例为 3∶1。

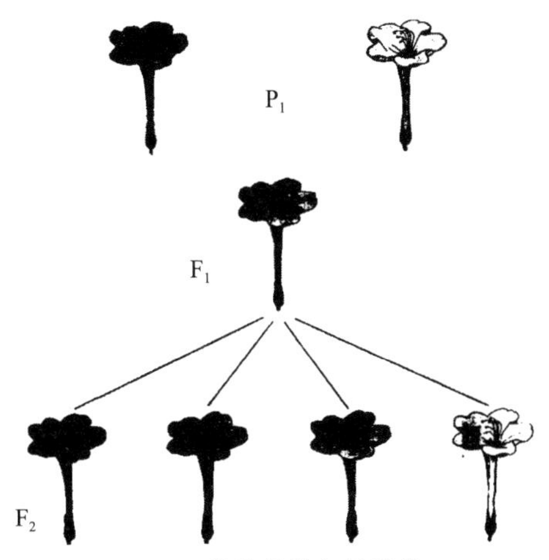

图 5　紫茉莉花色的遗传

红花紫茉莉（*Mirabilis Jalapa*）同白花紫茉莉杂交，在 F_1 产生桃色花和 F_2 中的 1 红色，2 桃色，1 白色。

这里，要注意两件事。因为 F_2 红花或白花的个体会含有两个红色或两个白色要素（见图 6），预计 F_2 会产生红花和白花个体，但不会产生桃色花个体，因为它们与第一代杂种一样，含有一个红花和一个白花要素（见图 6），实验证实这些预测是正确的。

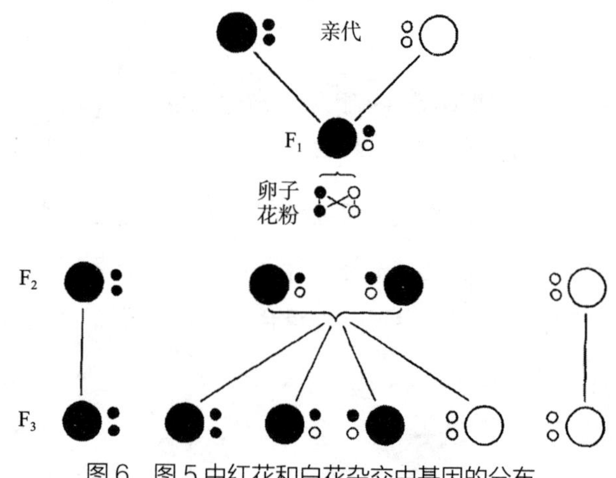

图 6　图 5 中红花和白花杂交中基因的分布

黑色小圆圈代表红花基因，白色小圆圈代表白花基因。

到目前为止，这些结果只说明，在杂种的生殖细胞内，来自父方的某种东西与来自母方的某种东西彼此分离了。仅仅根据这一证据，这些结果可能被解释为红花植株或白花植株的性状表现为整体的遗传。

然而，另一个实验对这个问题做了进一步的阐释。孟德尔将黄色圆形豌豆的植株同绿色有皱形的豌豆的植株进行杂交。从另外的杂交实验已经知道，黄色和绿色构成一对相对性状，它们在第二代中的比例为 3∶1，而圆形和皱形则构成另一对性状。实验中，子代种子都是黄色圆形（见图 7）。当子代自交时，它们产生了黄圆、黄皱、绿圆和绿皱 4 种个体，它们的比例为 9∶3∶3∶1。

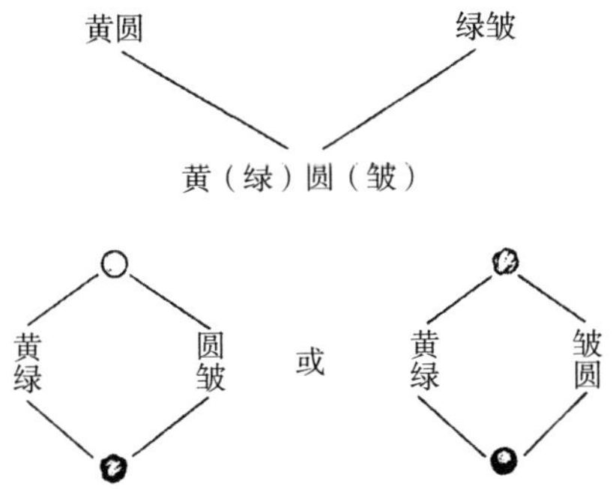

图 7　黄圆豌豆和绿皱豌豆的遗传

黄圆豌豆和绿皱豌豆两对孟德尔式性状的遗传。图下部显示了孙代豌豆的 4 种个体，即原有的黄圆和绿皱两型，以及结合产生的黄皱和绿圆两型。

孟德尔指出，如果黄色和绿色两个要素的分离，与圆和皱要素的分离无关，那么，上面出现的数字结果就可以得到很好的解释，杂种中肯定会产生黄圆、黄皱、绿圆和绿皱 4 种生殖细胞（见图 8）。

如果 4 种花粉粒和 4 种胚珠有着同等的机会受精，那么，就会有 16 种可能的组合。考虑到黄是显性，绿是隐性，圆是显性，皱是隐性，那么这 16 种组合应该归为 4 类，互成 9∶3∶3∶1 的比例。

这个实验的结果表明，不可能设想整个亲本的胚胎物质在杂种中是分离的。因为在某些情况下，原来联合参加杂交的黄和圆的胚胎是分开出现的。绿和皱的情况也是如此。

孟德尔还证明，当 3 对或 4 对性状参加杂交时，它们中的各

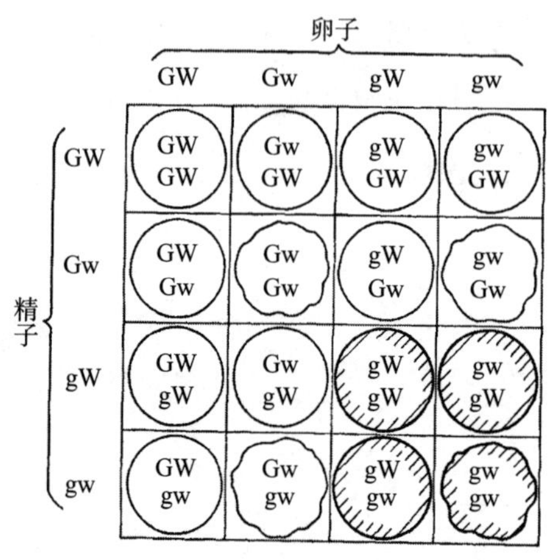

图 8 豌豆中 3 对性状的基因分布

当子代杂种的 4 种卵子和 4 种花粉粒结合时，产生 16 种孙代新组合（来自黄圆豌豆和绿皱豌豆），图中，G= 黄，g= 绿，W= 圆，w= 皱。

要素在杂种生殖细胞内是可以独立自由结合的。

那么，将这一结论扩展到任何特定杂交的多对性状似乎是有道理的。这就意味着，生殖质内存在多少对独立的要素，就有多少种可能的性状。然而，随后的工作表明，孟德尔的第二定律的适用范围很有限，[①]因为许多对要素之间并不是可以自由组合的，因为某些联合在一起的要素，在随后的几代中仍然表现出联合的趋势。这就是连锁。

① 孟德尔第二定律称为自由组合或自由分配定律，即两对或两对以上的相对基因，在杂种的配子形成中，一对基因的分离并不影响任何其他各对基因的分离，因此，不同对的基因在配子里可以自由组合。——译者注

连锁

孟德尔的论文在1900年被重新发现。4年后，贝特森（Bateson）和彭内特（Punnett）报道了他们的一些观察结果，这些观察结果并没有为两对独立的性状提供预期的数字结果。例如，当具有紫色花和长形花粉粒的香豌豆，同具有红色花和圆形花粉粒的香豌豆植株杂交时，原有的一起杂交的两型比预期的紫－红和圆－长的自由组合更容易出现（见图9）。他们认为这些结果是由于来自不同亲本的紫－长组合与红－圆组合之间彼此排斥所致。现在，我们称这种关系为连锁，即当某些性状一起进行杂交时，它们在后代中往往也会保持联合的趋势，或者，从反面来说，某些成对性状不会随机地组合在一起。

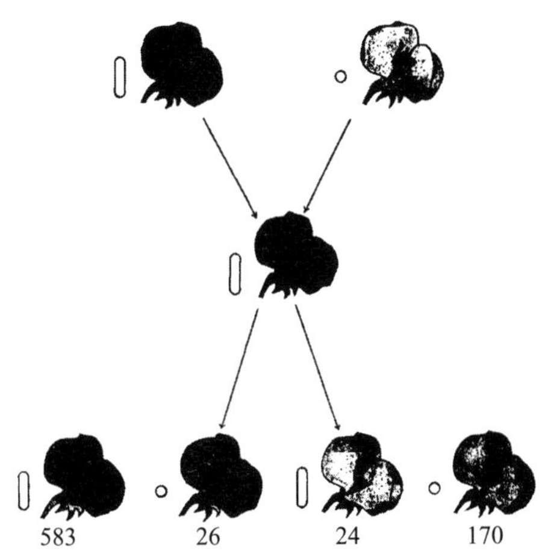

图9　香豌豆中两个连锁性状的遗传

紫花和长形花粉粒的香豌豆，同白花和圆形花粉粒的香豌豆杂交。下部的数字表示孙代的4种个体出现的比例。

就连锁而言，生殖质的细分似乎是有限度的。例如，在黑腹果蝇（Drosophilamelanogaster）中，已知有大约400个新的突变型，它们只可能归属于4个连锁群。

果蝇的这些性状群中，有一群被称为性连锁，因为这些性状在遗传上显示出与性别的某些关系。大约有150个这样的性连锁突变性状。其中，有几个是影响眼的颜色，有些与眼的形状或大小有关，或与小眼分布的规则性有关。有些涉及身体的颜色，有些涉及翅形或其翅脉的分布，还有些影响全身的刺和毛。

第二群大约有120个连锁性状，包括身体所有部位的变化。但没有一个与第一群具有相同的作用。

第三群大约有130种性状，也涉及身体的所有部位。这些性状没有一个与前面两群的性状相同。

第四群只有三种性状：第一个涉及眼的大小，在极端情况下会导致完全无眼；第二个涉及翅膀的姿态；第三个涉及毛的长短。

下面的例子，说明了连锁性状的遗传过程。如果一只雄蝇具有黑身、紫睛、痕迹翅和翅基斑点等4个连锁性状（属于第二群），如图10所示，同一只具有相应正常性状的野生型雌蝇杂交，这只雌蝇具有灰体、红眼、长翅和无斑4种性状。子代为野生型。如果现在将其中一个子代的雄蝇，① 同具有4个隐性性状（黑、紫、痕、斑点）的雌蝇杂交，孙代只有两种，一半像具有4个隐性性状的祖型，另一半和另一个祖型相同，为野生型。

① 这里必须选用雄蝇，因为在雌蝇中，这些相同的性状并不完全相关。

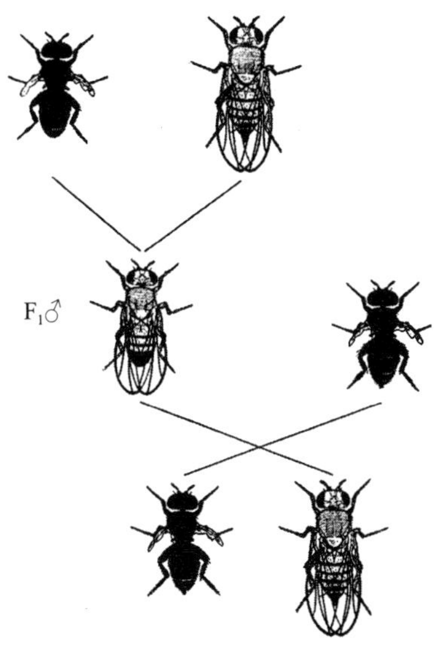

图 10　果蝇中 4 种连锁性状的遗传

4 种连锁隐性性状的遗传，黑身、紫眼、痕迹翅和斑点，与它们正常的野生型果蝇的等位基因的遗传。① “F_1 雄蝇” 回交含 4 种隐性性状的雌蝇，杂种二代（如图底部）只得到祖父、祖母的两种组合。

有两组不同的（或等位的）相对连锁基因参与杂交。当雄性杂种的生殖细胞成熟时，其中一组连锁的隐性基因进入一半的精细胞，另一组野生型相对的等位基因进入另一半野生型精细胞。如上所述，通过将杂种（F_1）雄蝇同含 4 种隐性基因纯合的雌蝇杂交，可以看出这一点。纯隐性雌蝇所有的成熟卵子，各含有一组 4 个隐性基因。任何一个卵子同带有一组显性野生型基因的精

① 等位性即相对性状，例如豌豆的紫花和红花，互为等位性，果蝇的黑身和灰身也互为等位性；又指位于同对两条染色体上同一位置的相对基因，这两个基因互为等位性。——译者注

子受精，都会产生野生型果蝇。任何一个卵子同带有 4 种隐性基因的精子受精（与这里使用的雌蝇中的隐性基因相同）都应该产生一种黑身、紫眼、痕迹翅的斑点蝇。获得的孙代个体只有这两种。

交换

事实上，在同一杂交的 F_1 雌蝇中，一个连锁群的一些隐性性状可能会与另一个群的野生型性状进行互换，但即使如此，由于它们保持连锁的次数多于互换的次数，它们仍然可以说是连锁的。这种它们相互之间的交换作用被称为“交换”，意味着在两个相对的连锁组之间，可能发生涉及许多基因的有序交换。了解这一过程对理解后面的内容至关重要，因此举出几个交换的例子来说明一下。

当一只具有黄翅和白眼这两个隐性突变性状的雄蝇，同一只具有灰翅和红眼这两个野生型性状的雌蝇交配时，其后代都有灰翅和红眼（见图 11）。如果其中一只雌蝇同一个具有黄翅和白眼这两个隐性性状的雄性交配，就会有 4 种孙代（F_2）。其中两种与祖型一样，即有黄翅和白眼，或灰翅和红眼，它们共同构成了 99% 的孙代。这些联合参加杂交的性状又联合出现的比例，远远高于孟德尔第二定律的预测，即自由分配定律。除了这两种个体外，第二代中还有两种果蝇（见图 11），一种是黄翅和红眼，另一种是灰翅和白眼，它们共占孙代（F_2）的 1%。它们代表着两个连锁群之间的交换作用。

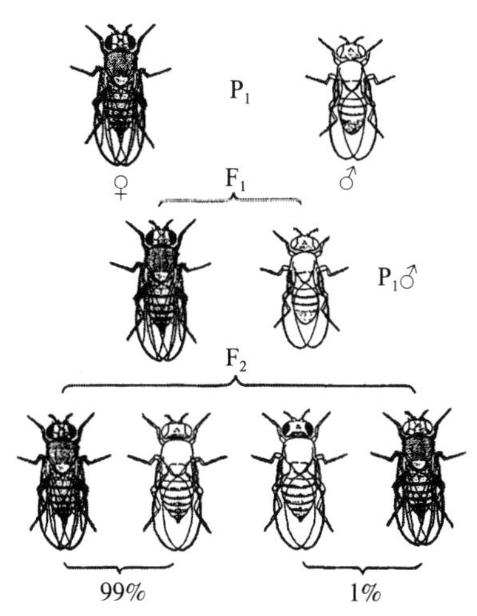

图 11　果蝇中两个隐性连锁性状的遗传

两个连锁隐性性状的遗传，即白眼和黄翅及其“正常”的等位性状红眼和灰翅。

可以做一个类似的实验，将与之前相同的性状以不同的方式组合起来。如果一只具有黄翅和红眼的雄蝇，同一只具有灰翅和白眼的雌蝇交配，其杂交一代（F_1）的雌蝇具有灰翅和红眼（见图 12）。如果其中一只雌蝇同具有黄翅和白眼这两个隐性突变性状的雄蝇交配，就会产生 4 种果蝇。其中两种与祖辈一样，共占 99%。另两种都是新的组合，或交换型，一种是黄翅白眼，另一种是灰翅红眼，共占杂交二代（F_2）的 1%。

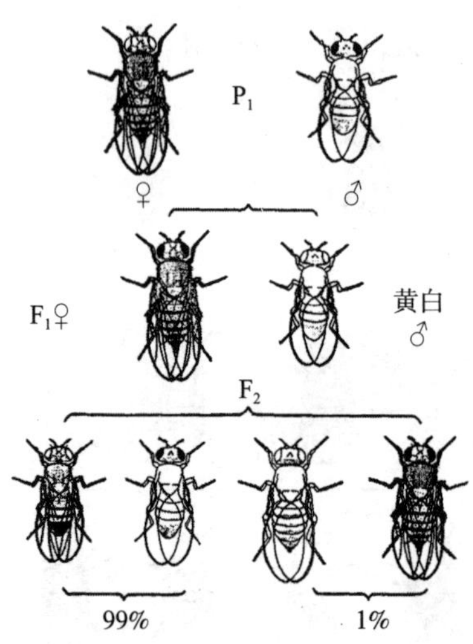

图 12　图 11 的同样性状在相反组合中的遗传

图 11 中相同的两个性连锁性状的遗传，但结合方式相反，即红眼黄翅以及白眼灰翅。

这些结果表明，无论两对性状以何种组合方式杂交，它们之间都会发生相同数量的交换。如果两个隐性体联合参加杂交，它们往往会有联合重现的趋势。这种关系被贝特森和彭内特称为“联偶”。如果参加杂交的两种隐性是分别来自父母，这两种形状也会分别重现（各自与原来联合参加的一种显性结合）。这种关系被他们称为“推拒”。然而，从上述两个杂交里可以看出，这些关系不是两种现象，而是同一现象的两种表现，即进行杂交的两种连锁性状，无论是显性或隐性，都倾向于互相联合的趋势。

其他性状间的交换率各不相同。例如，当一只具有白眼细翅这两种突变性状的雄蝇（见图 13），同一只具有红眼长翅的野生型果蝇交配时，其子代（F_1）都有红眼长翅。如果其中一只雌蝇同一只具有白眼细翅的雄果蝇交配，那么孙代就有 4 种：两种祖型占 2/3，两种交换型占 1/3。

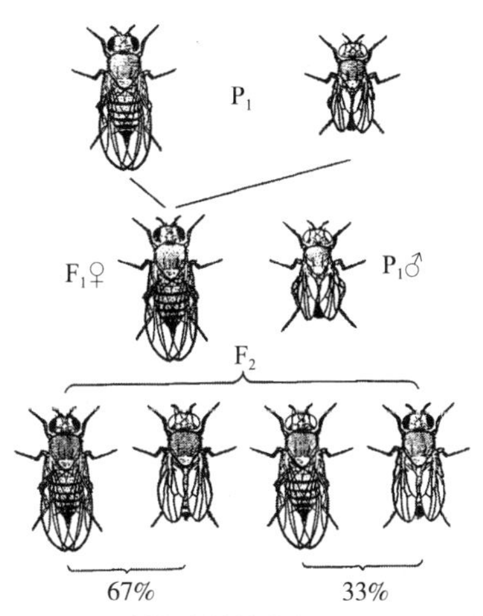

图 13　两种性连锁性状的遗传，白眼细翅与红眼长翅（回交）

下面实验的交换率更高。一只具有白眼叉毛的雄蝇同一只野生型雌蝇交配，如图 14 所示。子代（F_1）有红眼和直毛。如果其中一只雌蝇同一只具有白眼和叉毛的雄蝇交配，会产生 4 种个体。在孙代（F_2）中，祖父母型个体占 60%，交换型占 40%。

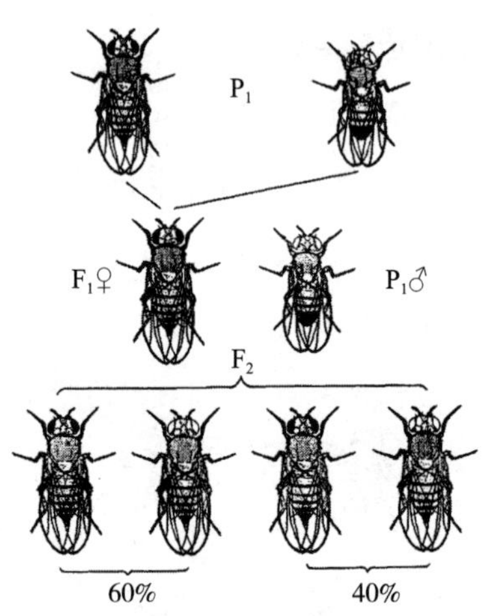

图 14　白眼叉毛与红眼直毛两种性连锁性状的遗传

关于交换的研究表明，一切可能的交换比率都有，高者达50%。如果正好有 50% 的交换发生，数字结果将与自由组合发生时的数字相同。也就是说，即使此时所涉及的两种性状是在同一连锁群内，也无法观察到它们之间的连锁关系。然而，两者作为同一群的关系，可以通过它们各自与该群内的第三性状的共同连锁关系来证明。如果发现 50% 以上的交换率，说明交换型组合多于祖父母型，而表现为一种颠倒的连锁关系了。

雌蝇内的交换率往往低于 50%，这是由于另一个相关的现象所致，即双交换。双交换是指参与杂交的两对基因之间，发生了两处交换。其结果是降低了观察到的交换次数，因为第二处交换抵消了第一处交换的影响。这一点将在后面解释。

许多基因在杂交中同时互换

前面给出的交换的例子中，只研究了两对性状。证据只涉及那些在参与杂交的两对基因之间发生一次交换的情况。为了获得在连锁群的其他地方发生交换频次的信息，就必须包括整个群的所有成对性状。例如，一只具有第一群的 9 种性状的雌蝇（盾板、多棘、缺横脉、截翅、黄褐、朱眼、石榴石、叉毛和短毛），同一只野生型雄蝇杂交，杂种一代的雌蝇（见图 15）又同相同的 9 种隐性型回交，产生的孙代将出现各种各样的交换记录。如果交换发生在该群的中间位置（朱眼和石榴石之间），如图 16 所示，其中两个半截进行了完整的交换。

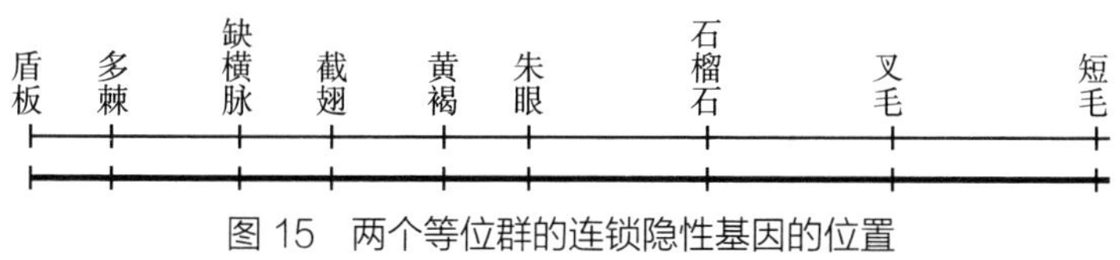

图 15　两个等位群的连锁隐性基因的位置

上行表示 9 种性连锁隐性基因的大致位置，下行是正常等位基因。

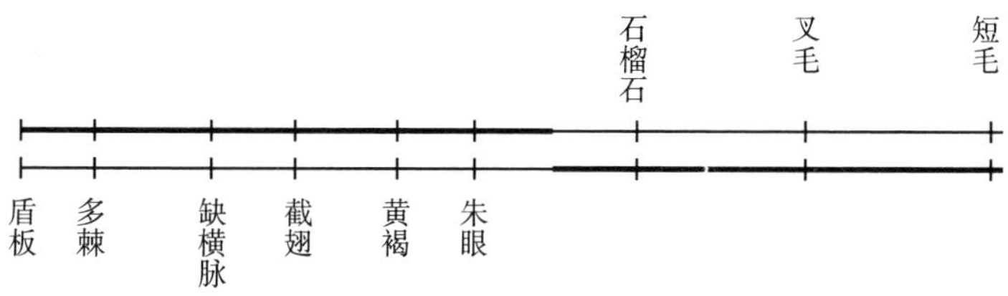

图 16　朱眼与石榴石基因之间的交换（图 15 所示群的中间部分）

在其他情况下，交换重叠可能发生在某一端附近，例如，交换点在多棘动物和缺横脉之间，如图 17 所示，两组之间只有很短的两段发生了交换。每当交换时都会发生同样的过程，即整个组的基因都发生了互相交换，尽管通常看到的只是交换点两侧的基因之间的交换。

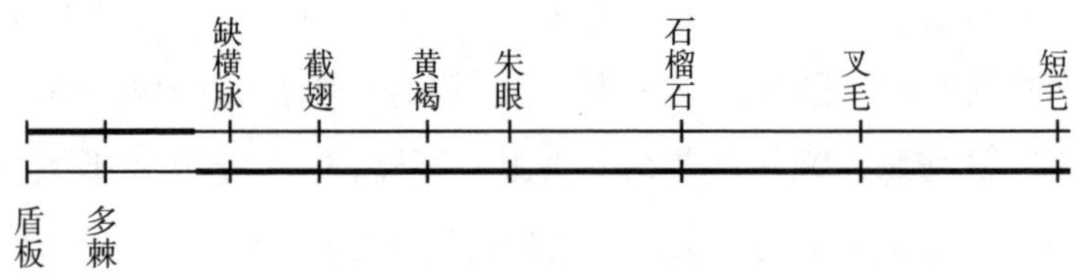

图 17　多棘和缺横脉之间的交换点（图 15 所示群左端附近）

当同时发生在两个不同区间（区域）上的交换时（见图 18），许多基因也参与其中。例如，在以上的两组中，一个交换应该发生在截翅和黄褐之间，另一个交换发生在石榴石和叉毛之间。这两组的中段上的所有基因都同时发生了交换。如果该组的中间区域没有突变基因变化来表明发生了两次交换的事实，那么，这种情况就不会被发现，因为两组的两端仍然和以前一样。

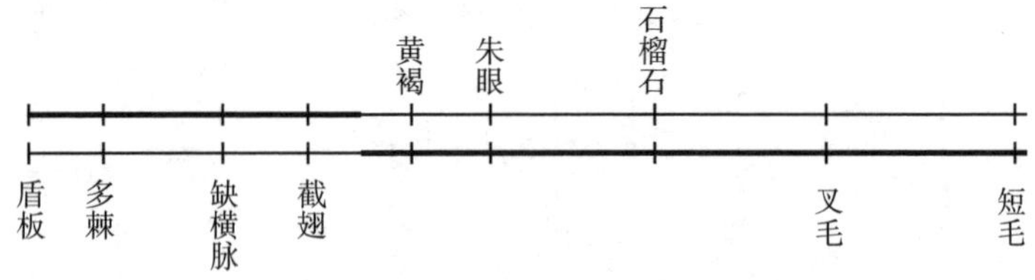

图 18　两基因群之间的双交换（图 15 中的案例）

图 15 中一次交换是在截翅和黄褐之间，另一次是在石榴石和叉毛之间。

基因的直线排列

不言而喻，如果两对基因相距越近，它们之间发生交换的机会就越小，相距越远，交换机会越大。我们可以利用这种关系来获得关于任何两对要素之间的“距离”信息。有了这些信息，我们就可以制作每一连锁群内许多要素相对位置的图表。我们已经为果蝇的所有连锁群制作了图表，如图 19 所示，仅表示目前已取得的研究结果。

在前面关于连锁和交换的图示中，基因被表示为成一条线，像串上的珠子一样。事实上，根据交换的数据表明，这种安排是唯一与所获得的结果相一致的，下面的例子将有助于说明这一点。

假设黄翅和白眼之间发生了交换，交换率为 1.2%，如果我们用同一群的第三基因，如二裂脉，来测试白眼，会发现两者之间的交换率为 3.5%，如图 20 所示。如果二裂脉和白眼位于同一条直线上，并且二裂脉位于白眼的下方，预计会与黄翅产生 4.7% 的交换率，如果在白眼的另一侧，预计会与黄翅产生 2.3% 的交换率。事实上，其结果为 4.7%。因此，我们把二裂脉排在图中白眼的下方。每逢一种新性状与同一连锁群内其他两种性状比较，就会得到这样的结果。一个新性状的交换点，被发现与其他两个已知因子相关，要么是它们各自的交换点数值的总和，要么是交换点数值的和或差。这就是我们所熟知的直线上各点之间的关系，也是基因直线排列的证明，因为还没有发现其他空间关系能满足这些条件。

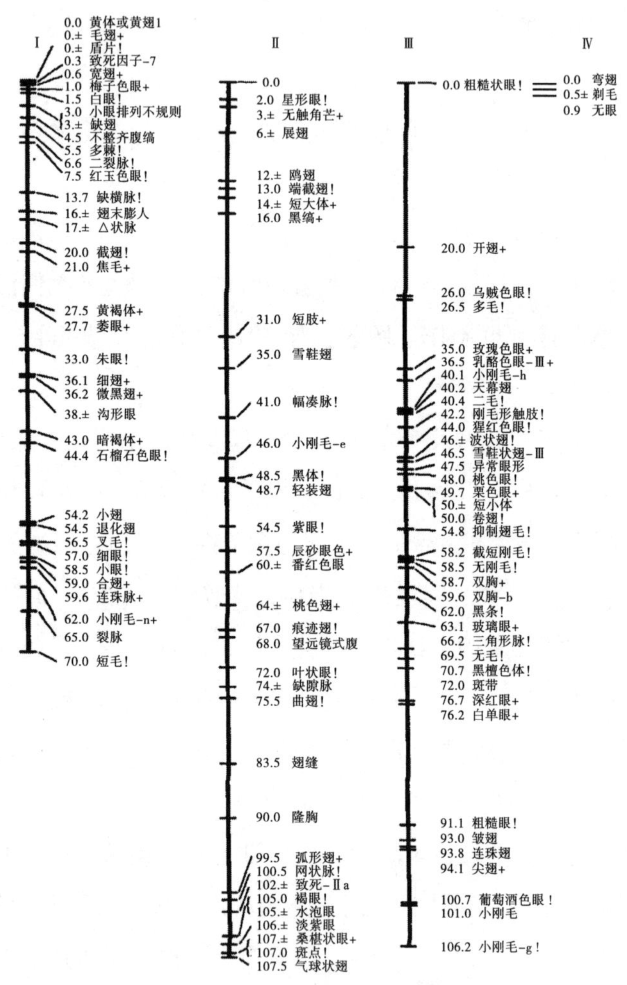

图 19 果蝇连锁基因图表

黑腹果蝇的 4 个连锁基因群Ⅰ、Ⅱ、Ⅲ、Ⅳ的图表，每种性状左侧的数字代表“图距”。①

---

① 图距就是根据性状之间的交换率推算的基因之间的距离。——译者注

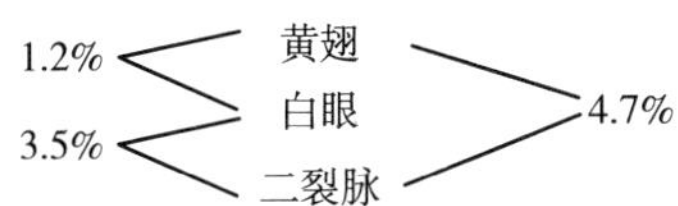

图 20　果蝇中黄翅、白眼、二裂脉 3 个连锁基因的次序

基因论

我们现在可以提出基因的理论了。“基因论”认为：个体的性状与生殖质内的成对要素（基因）有关，这些要素在一定数量的连锁群内互相联合。根据孟德尔第一定律，每对的两个基因在生殖细胞成熟时彼此分离，因此，每个生殖细胞只包含一组基因。根据孟德尔第二定律，属于不同连锁群的基因独立地进行自由组合；在相对的连锁群内的要素之间，有时也会发生有序交换；交换的频率提供了每个连锁群内各要素的直线排列以及要素之间的相对位置的证据。

我大胆地把这些原理称为“基因论”，这使我们能够在严格的数字基础上处理遗传学问题，并使我们能够非常准确地预测在任何特定情况下会发生什么。在这些方面，基因论完全满足了科学理论的要求。

第二章
遗传的粒子理论

根据第一章的证据得出这样一项结论：在生殖质内存在着遗传单元，这些遗传单元或多或少地在连续几代的个体之间被独立分配。更准确地说，在杂交中结合的两个个体的性状，在以后世代里独立重现，这可以用生殖质内的独立单元这一理论来解释。

在为该理论提供数据的性状和假定的基因（这些性状本身又源于这些假设的基因）之间，属于胚胎发育的整个领域。在这里提出的基因论，并没有说明基因与最终产物即性状的联系。缺乏与此相关的信息，并不意味着胚胎发育过程对于遗传学不重要。毫无疑问，了解基因对发育中的个体产生影响的方式，将进一步拓宽我们对遗传学的认识，并可能使目前尚不清楚的许多现象更加清晰。但事实是，目前可以在不涉及基因影响发育过程的情况下，也能够解释世代间的基因分布情况。

然而，上述的论点中隐含着一个基本假设：发育过程严格遵循因果律。一个基因的变化对发育过程产生明确的影响，影响到该个体的某个阶段出现的一种或多种性状。从这个意义上说，基因论无须解释基因和性状的因果过程的性质，也可以成立。有些人由于未能清楚地理解这种关系，对该理论提出了一些不必要的批评。

例如，有人说，假设在生殖质内存在看不见的要素，其实并没有说明什么问题，因为这些要素被赋予了该理论所要解释的属性。但事实上，赋予基因唯一属性的是由个体提供的数据中推导出来的。这种批评和其他同类批评一样，是由于混淆了遗传学和发育问题而产生的。

同样，该理论也受到一些不公正的批评，理由是机体是一种理化机制，而遗传理论未能说明其中的机制。但是，该理论所做的唯一假设，即基因的相对恒定性、自我繁殖的性质、基因的结合和生殖细胞成熟时相互间的离合，并没有与理化原理不一致的假设，虽然这些事件所涉及的理化过程确实无法明确说明，但至少与我们熟悉的生物界的现象有关。

还有一些对孟德尔理论的批评，来自对该理论所依据的证据的不了解，也来自没有意识到该理论与过去其他遗传和发育的粒子假说在方法上的不同。有很多这样的粒子理论，所以生物学家根据经验，对任何关于不可见单元的假设都有些怀疑。对早期的一些臆想进行简单的梳理，可能有助于阐述新旧方法的不同。①

1863 年，赫伯特 · 斯宾塞（Herbert Spencer）基于每一种动

---

① 德拉吉（Delage）的《遗传学》和魏斯曼（Weismann）的《种质论》都对早期的理论进行了详细的讨论。

物或植物都是由各物种所具有的同样基本单元组成的假设，提出了生理单元论。这些单元应该比蛋白质分子更大，结构更复杂。导致斯宾塞提出这一观点的原因之一是，机体的任何部分在某些情况下，都可以再次繁殖产生一个整体，卵子和精子就是这种整体的断片。至于每个个体形态上的多样性，被模糊地归结为身体不同部分要素的“极性”或某种类似晶体的排列所致。

斯宾塞的理论纯粹是推测，它的证据是，一个部分可以产生一个与自身一样的新整体，并由此推断机体的所有部分都包含着可以发展出一个新整体的一种物质，虽然这在某种程度上是正确的，但这并不意味着整体必须是由一种单一的单元组成。我们在解释一个部分发展成一个新整体的能力时也必须假定每一个这样的部分都包含构建一个新整体的诸要素，但这些要素可能各不相同，而身体的分化就源于此。只要有一组完整的单元存在，就具有可能产生一个新整体的能力。

1868 年，达尔文（Darwin）提出的“泛生说”，涉及了一系列不同的、不可见的粒子。该理论指出，被称为“芽体”的微粒代表要素，不断地从身体的各个部分放出。那些到达生殖细胞的粒子，在那里与原有的同种遗传单元一起参加了生殖细胞的组成。

泛生说的提出，主要是为了解释获得性状是如何遗传的。如果亲体的某些具体变化传给了后代，就需要一些这样的理论。否则，也就不需要这样的理论了。

1883 年，魏斯曼对这个传递理论提出了批评，并说服了许多（但不是所有）生物学家，认为获得性状遗传的证据是不充分的。

由此他提出了种质独立论：卵子不仅产生一个新个体，而且产生与自己相似的其他卵子，寄居在新个体里面。卵子产生个体，但该个体除了保护和滋养它里面的卵子外，对卵子的种质并没有其他影响。

从此，魏斯曼开始发展了一种代表性要素的粒子遗传理论。他借助于从变异中获得的证据，并延伸了他的理论，对胚胎的发育做出了纯粹形式的解释。

首先，我们注意到魏斯曼对他所说的“遗子”的遗传要素的性质的看法。在他后来的著作中，当有许多小染色体存在时，他将这些小染色体确定为遗子，当只有几条染色体存在时，他认为每条染色体是由几个或许多遗子组成的。每个小染色体都包含一个个体发育所必需的全部要素，每个遗子都是一个微观宇宙，这些遗子的不同之处在于它们是祖代个体或种质的代表，每个遗子都在某种程度上互不相同。

动物表现出的个体差异，是由于遗子的不同组合造成的，这些组合又是由卵子和精子结合产生的。如果不是生殖细胞在成熟时胚胎数量减少一半，那么，遗子的数目会变得无限大。

魏斯曼还拟定了一个完整的胚胎发育理论，其基础是：随着卵子的分裂，遗子被分离成更小的成分，直到体内的每一种细胞都包含遗子分裂后到最后的成分，即定子。在注定要成为生殖细胞的细胞内，遗子并没有发生解体，因此才有种质的连续性，或者说遗子群的连续性。他的理论在胚胎发育中的应用，超出了现代遗传学理论的范围，现代遗传学理论要么忽视了发育过程，要么假设一些恰恰与魏斯曼完全相反的观点，即在身体的每个细胞内都存在着整个遗传复合体。

无须进一步说明就会看到，为了说明变异，魏斯曼的巧妙臆想援引了与我们今天采用的相类似的过程。他认为，变异是由于来自双亲的单元的重新联合造成的，在卵子和精子的成熟过程中，这些单元都减少了一半。这些单元各为一个整体，各代表一个祖先阶段。

种质独立和连续概念的建立，很大程度上归功于魏斯曼关于生殖质的隔离和连续性的想法。他对拉马克理论（Lamarckiana）的抨击，有益于正确思维的建立。长期以来，获得性遗传理论掩盖了所有涉及遗传的问题。魏斯曼的著作在保持遗传和细胞学之间的密切关系方面，也起到了重要的作用，我们很难估计他的卓越思想对我们的影响程度，让我们后来尝试从染色体的结构和行为方面来解释遗传。

这些和其他早期的臆想，现在仅具有历史意义，它们并不能代表现代基因论发展的主要路线。基因论的建立依赖的是它使用的方法和能够预测特定类型的精确数字结果。

我个人认为，无论现代理论与旧理论多么相似，它都与旧理论不同，因为现代理论是从实验确定的遗传证据中一步步产生的，每一点证据都受到了严格的检验。当然，该理论不需要也不可能被认为是最终完善的。毫无疑问，它将在新的方向上经历许多变化和改进，但目前我们所知道的有关遗传的事实，都可以用现有的理论来解释。

第三章
遗传机制

第一章末尾对基因论的陈述是由纯粹的数据推演来的，并没有考虑到动物或植物体内是否有任何已知或假定的变化，能按照所假定的方式促成基因的分布。无论基因论在这方面多么令人满意，生物学家都会致力于发现生物体内的基因是如何进行有序重新分配的。

在 19 世纪到 20 世纪初的阶段，通过研究卵子和精子最后成熟阶段的种种变化，科学家发现了一系列重要事实，这些事实有助于遗传机制的研究。

人们发现，在体细胞和早期生殖细胞里都有双组染色体。这种双重性的证据来自对不同大小的染色体的观察。只要染色体上存在可辨别的差异，便会看到每一类的体细胞内总有两条染色体，而在成熟后的生殖细胞内只有一条染色体。另外已证实，每类染色体中的一条来自父方，另一条来自母方。目前，染色体群的双重性是细胞学中最确定的事实之一。唯一引人注目的例外是性染色体，但即使在这里，雄性或雌性一方仍然保持着双重性，而且雄雌两性往往同时具有双重性。

孟德尔两定律的机制

在生殖细胞的成熟末期，相同大小的染色体接合成对出现。随后是细胞的分裂，每对中的两条染色体各自进入一个细胞。因此，每个成熟的生殖细胞只能得到一组染色体（见图 21、图 22）。

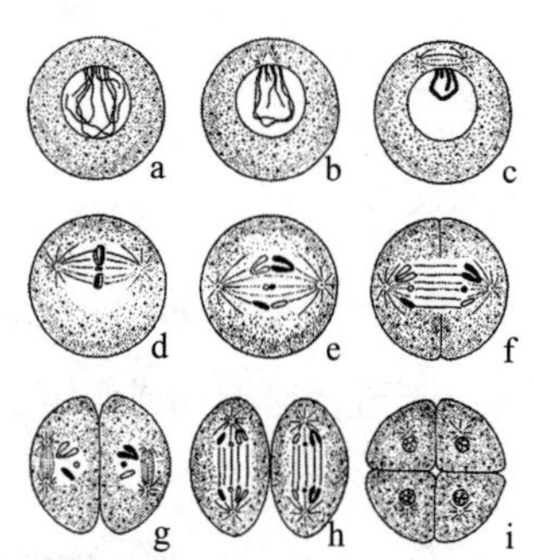

图 21　精细胞的两次成熟分裂

有 3 对染色体，来自父方的染色体为黑色，来自母方的染色体为白色（a、b、c 除外）。第一次成熟分裂是减数分裂，显示在 d、e、f 中。第二次成熟分裂，即均等分裂，每条染色体纵向分裂成两条新染色体，显示在 g、h 中。

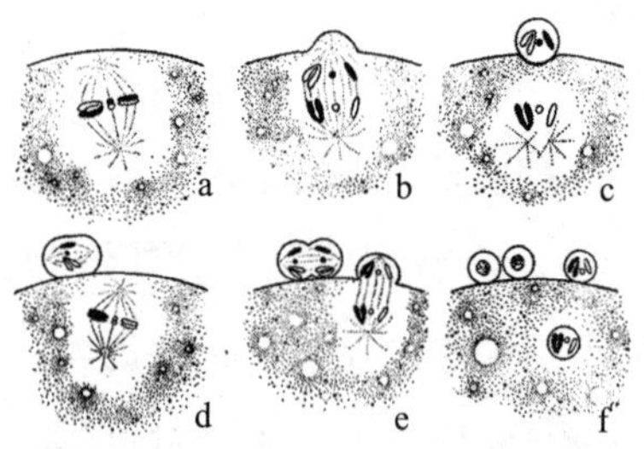

图 22　卵子的两次成熟分裂

a：第一条纺锤体；b：父方和母方染色体的分离（减数）；c：第一极体被分离出来；d：第二条纺锤体形成，每条染色体纵向分裂为二（均等分裂）；e：第二极体形成；f：卵细胞核只有一半（单倍体）的染色体。

染色体在成熟阶段的这种行为，与孟德尔的第一定律相类似。每一对染色体中，一条来自父方的染色体与一条来自母方的染色体分离。结果在每个生殖细胞内，每一类染色体只有一条。就一对染色体来说，成熟以后半数的生殖细胞内含每一对染色体中的一条，另一半则含该对染色体中的另一条。如果用孟德尔单元代替染色体，说法依然相同。

每一对染色体的一条来自父方，另一条来自母方。如果这种成对接合的染色体排列在纺锤体上，所有来自父方的染色体都走到一极，所有来自母方的染色体都走到另一极，那么，这样形成的两个生殖细胞就会分别与父体和母体的生殖细胞相同。我们没有任何先验的理由来假设成对接合染色体会有这样的行为，但要证明它们没有这样做也是非常困难的，因为从这种情况的本质来看，成对接合中的染色体在形状和大小上是一样的，通常从观察中很难看出哪个来自父方，哪个来自母方。

然而，近年来在蚱蜢中发现了一些情况，某些成对的两条染色体之间有时存在细微的差异——形状上的差异，或与纺锤丝联系方式上的差异（见图 23）。当生殖细胞成熟时，这些染色体就会两两接合，然后分离。由于它们保持了各自的差异，由此可以追踪到它们进入两极的踪迹。

在这些蚱蜢中，雄虫有一条不成对的染色体，与雌雄性别的决定有关（见图 23）。它在成熟分裂时，被转移到纺锤体的一极，它可以作为其他几对染色体行动方向的一个标志。最早进行这些观察的卡罗瑟斯（Carothers）女士，她发现一对有标记的染色体

（一条弯曲，一条笔直），根据每一条染色体与性染色体的关系来看，它可以向任何一极分离开来。

进一步研究发现，其他几对染色体在一些个体中有时显示出持续的差异。对这些染色体在成熟期行动的研究表明，这些染色体对的成员向两极分布的方向与其他各对染色体的分布方向互不相关。因此，我们有客观证据证明，这对染色体相互间是独立自由组合。这一证据与孟德尔的第二定律一致，该定律说明了不同连锁群的基因是独立自由组合。

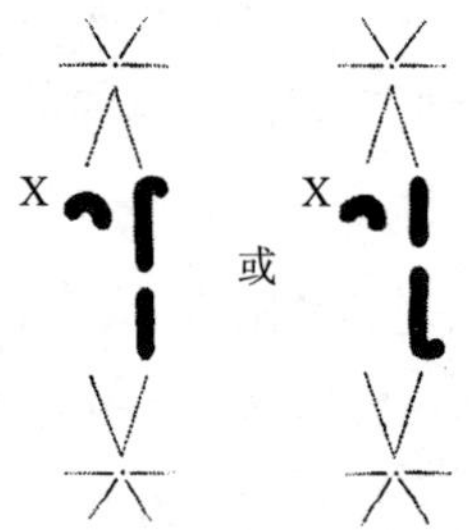

图 23　一对常染色体和 X 染色体的自由组合（仿卡罗瑟斯）

连锁群的数目和染色体对数

遗传学表明，遗传要素是连锁成群的，有一个例子，已经确定连锁群的数目一定不变，在其他几种情况下也是如此。在果蝇中，只有 4 种连锁群和 4 对染色体。彭内特发现，在香豌豆中，有 7 对染色体（见图 24），可能有 7 对独立的孟德尔式性状。据维特（White）说，在食用豌豆中也有 7 对染色体（见图 24）和

7 对独立的孟德尔式性状。在印度玉蜀黍中，有 10 到 12 对染色体，并且已经发现了几群连锁基因。在有 16 对染色体的金鱼草中，独立基因的群数接近染色体的对数。在其他动物和植物中，也有关于连锁基因的报道，但与染色体数目相比，连锁基因数目更小。

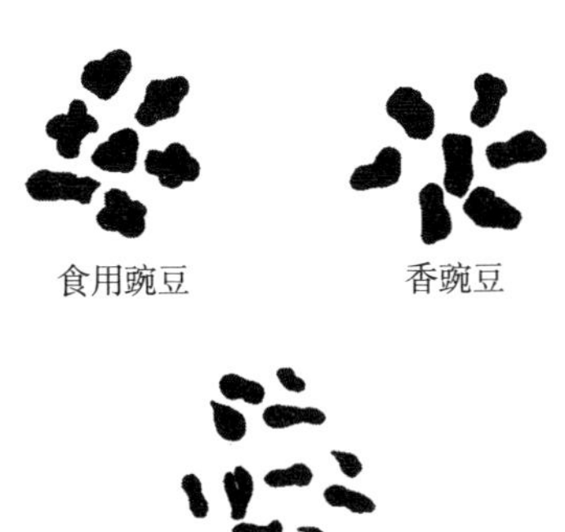

图 24　食用豌豆、香豌豆和玉蜀黍的单倍染色体群

食用豌豆（单倍数 n=7）、香豌豆（单倍数 n=7）和印度玉蜀黍（单倍数 n=10 或 12）减数分裂后的染色体数目。

还有一个事实是，到目前为止，还没有发现自由组合的基因对数多于染色体对数的情况，这进一步证明了连锁群数和染色体对数相符合的观点。

染色体的完整性和延续性

染色体的完整性，或从一代细胞到另一代细胞的连续性，对于染色体理论也是至关重要的。细胞学家们普遍认为，当染色体在原生质内游离出来时，它们在整个细胞分裂时依然保持完整，但当它们吸收液汁并联合组成静止核时，便无法再追踪到它们的存在。但通过间接的方法，我们有可能获得一些关于染色体在静止期内的情况。

每次细胞分裂后，各个染色体化为液泡，联合形成一个新的静止核，它们重新形成的单个细胞核内的各个独立小泡，还可以被追踪一段时间。然后，染色体失去了受染的性能，无法再被识别。当染色体再次出现时，又可以看到囊状小体。这个事实即使不能证明，也至少提示了染色体在静止阶段一直保持在原位。

博维里（Boveri）的研究表明，当蛔虫的卵子分裂时，同一对子细胞的两条染色体都以同样的方式分离开来，并显示出特殊的形状（见图 25）。在子细胞的下一次分裂中，当子细胞的染色体即将重新出现时，它们又显示出类似的排列。这个结论很清楚。各染色体在静止核中仍然保留了它们入核时的形状。这一证

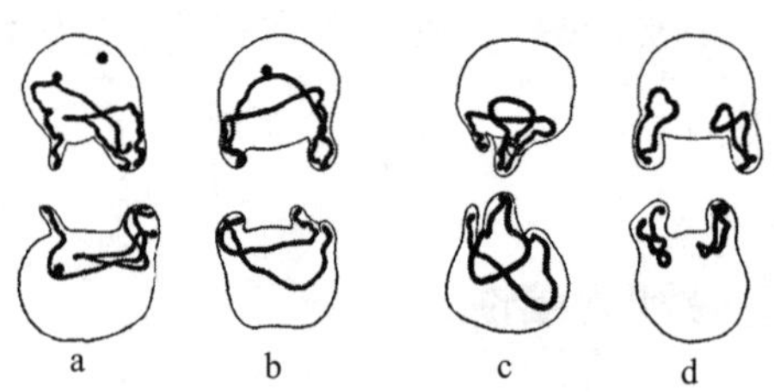

图 25　蛔虫的 4 对子细胞的细胞核（上下和两头），子染色体在静止核中出现时的位置（仿博维里）

据支持了这样的观点：染色体并没有化为溶液后再形成，而是始终保持它们的完整性。

最后，在一些情况下，由于染色体数目的增加，要么变成双倍，要么通过与不同染色体数目的物种杂交。那么，每类染色体可能有 3 条或 4 条，并且在所有后来连续的分裂中都维持相同的数目。

总的来说，虽然细胞学证据不能完全证明染色体在整个过程中保持完整，但就目前而言，这些证据对这一观点是有利的。

然而，对这种说法必须附加一个重要的约束条件：遗传学证据清楚地表明，在同对的两条染色体之间，有时存在着部分的有序交换。细胞学证据是否显示了这种交换的迹象呢？在这一点上，将进入一个更有趣的领域。

交换的机制

正如其他证据清楚表明的那样，如果染色体是基因的载体，而且基因在同一对染色体之间可以交换，那么，我们迟早会发现发生交换的某种机制。

在遗传学发现交换的几年前，染色体的接合过程以及它们在成熟生殖细胞内的数目减少现象，就已经被完全确定。事实证明，在接合时同一对的两条染色体就是互相接合的那两条。换句话说，接合不是随机的，就像人们从早期对该过程的描述中推断的那样，但接合作用总是在父方的和母方的两条特定染色体之间进行。

现在我们可以补充以下事实：接合的发生是因为同对染色体都是同一类的，而不是因为它们分别来自雄性和雌性。这一点已经通过两种方式得到了证明。在雌雄同体的情况下，经过自体受精，虽然每对染色体都来自同一个个体，但还是会发生同样的接合。其次，在特殊情况下，虽然同对的两条染色体来自同一个卵子，但由于发生了交换，它们可能已经有过接合。

染色体接合的细胞学证据，为交换机制的发生原理提供了初步说明，很明显，如果每对的两条染色体在整个长度上并列，就像基因对基因一样，这种位置可以引起两段之间的有序交换。当然，这并不意味着并排排列就一定会发生交换。事实上，对一个连锁群内交换的研究，例如，果蝇的性连锁基因群（其中有足够数量的基因可以提供连锁群内变化的完整证据）显示，卵子中该对染色体根本没有交换的大约有 43.5%，约 43% 的卵子内发生了一次交换，约 13% 的卵子内发生了两处交换（双交换），0.5% 的卵子内发生了三处交换。但雄蝇体内完全不发生交换。

1909 年，杰森（Janssens）发表了一份关于他称为交叉型（Chiasmatype）的详细说明。这里不做详细说明，只讨论他提出的证据，他认为这些证据表明，在互相接合的两条染色体之间存在着整段或片段的交换，这可以追溯到两条互相接合的染色体早期的相互缠绕上（见图 26）。

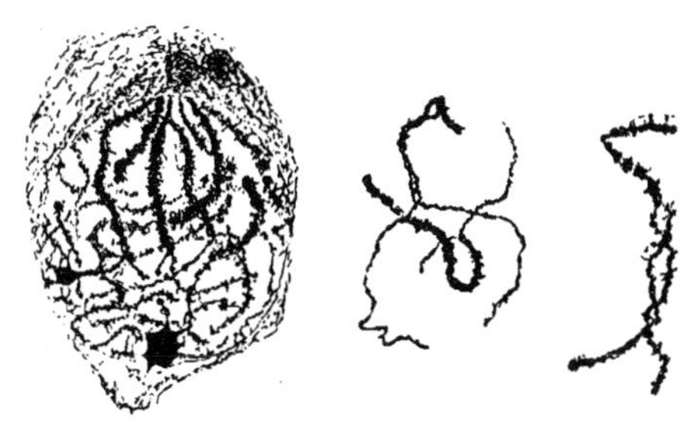

图 26　两栖类动物的染色体接合过程

中间图的染色体显示了两根细丝相互缠绕的现象（仿杰森）。

不幸的是，在成熟分裂中，几乎没有任何阶段，像染色体缠绕这个阶段一样存在争议。从事件性质来看，即使承认染色体的相互缠绕，实际上也不能证明它真的导致了遗传证据所要求的那种交换作用。

有许多已发表的关于染色体相互缠绕的图。但在某些方面，这些证据明显不足。例如，最熟悉和最确定的阶段，也就是存在明显缠绕的阶段，是在互相接合成对的染色体短缩准备进入纺锤体的赤道面时发现的（见图 27）。对这个阶段的缠绕的通常解释是，与两条接合染色体的短缩有某种联系。在这些图中没有任何证据表明这导致了交换。虽然这种情况有可能是由于早期的相互缠绕造成的，但螺旋缠绕状态的持续存在，反而表明交换没有发生，因为交换会导致缠绕消失。

如果我们翻阅已发表的分裂早期的图，会发现一些案例，细丝（细丝时期）似乎是互相缠绕（见图 28b），但这种解释是有问题的。事实上，这些纤细的丝线相互接触时，要确定它们谁在接

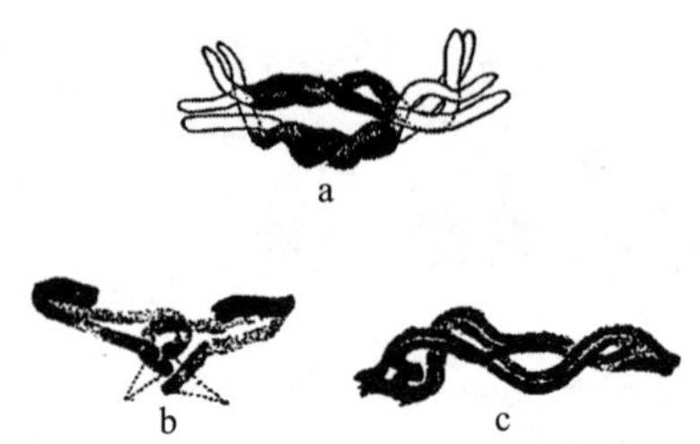

图 27　两栖类动物的染色体互相缠绕

粗丝（染色体）缠绕，恰在染色体进入第一次成熟分裂的纺锤体之前（仿杰森）。

触点上面谁在接触点下面，都是非常困难的。这种困难因细线须的凝固状态而大大增加，因为只有在凝固状态下，它们才能被染色以进行显微镜观察。

最接近证实细丝缠绕的，是那些从一端（或弯曲染色体的两端）开始互相接合并向另一端（或弯曲染色体的中部）延展的切片。其中，两栖类动物的精细胞切片可能是最引人注意的（见图26），但浮蚕属类的蠕虫的数字几乎同样良好。涡虫（Planaria）的卵子图（见图 28）也很有说服力。这些图至少给人一种印象，当两丝靠拢在一起时，它们会有一次或多次重叠，但这种印象并不足以表明它们除了相互交换外是否还有其他关系。此外，这也并不意味着两丝一定会在重叠的地方发生交换。虽然我们必须承认，细胞学的交换还没有被证明，而且从情况来看，要真正证明是非常困难的。然而在一些案例中，已经证明了染色体接合时的位置，很容易被认为会发生了交换。

因此，细胞学家所描述的染色体，在一定程度上满是丁遗

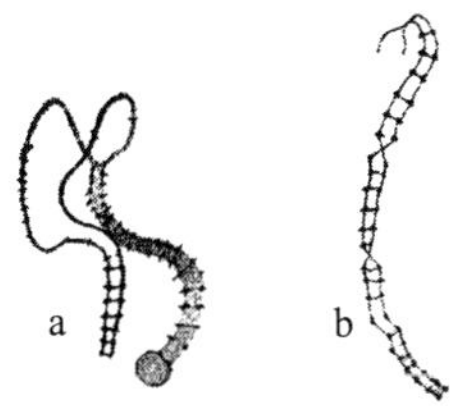

图 28　涡虫的一对染色体的互相接合

a：两条细丝正在接合；b：两接合丝在两个平面上有交叉（仿 Gelei）。

传学的要求。当我们回忆这样一个事实：许多证据都是在重新发现孟德尔的论文之前获得的，自然这些工作都没有带着对遗传学的偏见，是完全独立于遗传学专家所做的工作，那么，这些关系不可能仅仅是巧合，而是细胞学家已经发现了机制的许多重要部分，通过这些机制，遗传要素根据孟德尔的两个定律被整理出来，并在同对染色体间有序地交换。

第四章 染色体和基因

染色体经历的一系列行动，以及积累的其他来源的证据，不仅为遗传理论提供了机制，支持了染色体是遗传要素或基因载体的观点，而且这种证据在逐年加强。这些证据主要来自几个方面，最早的迹象是从雄雌两方遗传平等的发现中得出的。雄性动物通常只贡献精子的头部，其头部几乎只包含由染色质密集而成的胞核。尽管卵子提供了未来胚胎的所有可见的原生质，但它对发育的影响并没有什么优势，只是在发育的最初阶段由受母方染色体影响的卵子原生质所决定，尽管有这点最初的影响，但发育的后期和成年后却并没有显示出母体影响的优势，而且，这点最初影响也完全是受了以前母方染色体影响的。

然而，这种来自父母双方相互影响的证据本身还是没有说服力的，因为在显微镜下无法观察到这些要素，或者说，也许精子为未来的胚胎贡献了比可观察到的染色体更多的东西。事实上，近年来已经证明，可见的原生质要素——中心体，可能是由精子带入卵子的。但中心体对发育过程有无具体影响尚未明确。

从另一个角度看，染色体的重要性已经凸显。两颗（或更多条）精子进入卵子，由此得到的三组染色体，在卵子第一次分裂时不规则的分布着。这样便形成了 4 个细胞，而不是像正常发育那样形成两个细胞。通过对这一类卵子的深入研究，同时也研究 4 个细胞被分开后各自的发育情况，发现没有整组的染色体存在，也就没有正常的发育。至少这是对这些结果最合理的解释。但在这些例子中，染色体没有被标记，所以这些证据只不过是建立了一个假说，就是至少必须有一组完整的染色体。

最近，还有其他方面的证据支持这种解释。例如，已经证明，单单一组染色体（单倍体）便能够产生一个与正常型大致相同的个体，但这一证据也表明，这些单倍型个体不像正常双倍型那样有活力。虽然这种差异可能取决于染色体以外的其他因素，但从目前的情况看，双组染色体仍然优于单组染色体。另一方面，藓类的生命周期中有一个单倍体阶段，如果用人工方法将单倍体阶段转化为二倍体阶段，似乎看不出有什么好处。此外，在人造四倍体中的 4 组染色体，是否比普通二倍染色体更有优势，还有待证明。因此，我们必须对一组、两组、三组或四组染色体的优点持谨慎态度，特别是当发育机制已经适应了正常染色体群内数目的增减，因而会造成一种不自然状态的时候。

关于染色体在遗传中的重要性，最完整和最有说服力的证据可能来自最近的遗传学成果，这些成果涉及染色体数目变化的具体影响，其中每条染色体都带有使我们能够识别其存在的遗传因子。

这方面的最新证据来自微小的果蝇第四染色体（染色体 - Ⅳ型）的增减。通过遗传学和细胞学方法都表明，第四染色体有时会从生殖细胞之一——卵子或精子中丢失。如果一个缺乏这种染色体的卵子同正常的精子受精，受精卵就只含第四染色体中的一条。它将发育成一只果蝇（单数 - Ⅳ），在其身体的许多部分都显示出了与正常果蝇的微小差异（见图 29）。

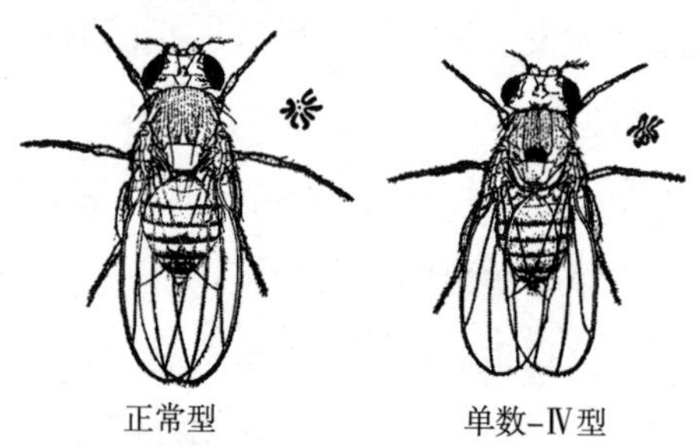

图 29　黑腹雌果蝇的正常型和单数 - Ⅳ型

各型果蝇的右上端附有该型的染色体群。

结果证明，当其中一条染色体缺失时，即使有另一条第四染色体，也会产生特定的效应。

第四染色体上有无眼、弯翅和剃毛 3 个突变基因（见图 30），这 3 个都是隐性的。如果一个单数 - Ⅳ雌蝇同双倍型无眼雄蝇交配（每个成熟的精子有一条），孵化出的一些后代是无眼的，如果把没有孵化的蛹从蛹壳中取出来检查，会发现更多的无眼型果蝇。无眼型果蝇由缺少第四染色体的卵子同带有无眼基因的第四染色体的精子受精产生。

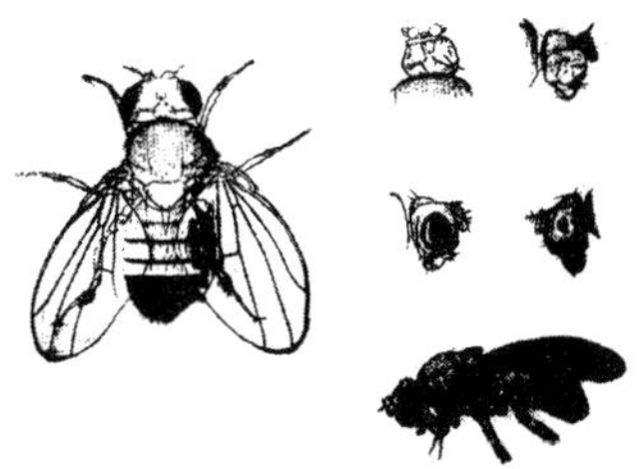

图 30　果蝇第四染色体上的 3 种突变型

黑腹果蝇第四连锁群的性状。左侧是弯翅；右上角的 4 个头显示为“无眼”：一个为背视图，3 个为侧视图；右下角是刹毛。

如图 31 所示，一半的果蝇应该无眼，但这些果蝇大部分都没有活过蛹期阶段，这意味着无眼基因本身对个体有削弱的作

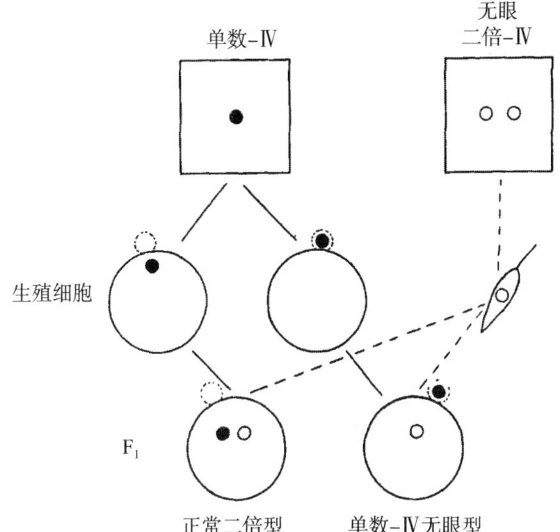

图 31　单数 - Ⅳ型果蝇同二倍 - Ⅳ型无眼型果蝇的杂交

正常眼的单数 - Ⅳ果蝇同有两条第四染色体的无眼型果蝇的杂交图，每条染色体各有一个无眼基因。小白圆圈表示无眼基因的第四染色体，小黑圆圈表示正常眼基因的第四染色体。

用，再加上缺失一条第四染色体的影响，这样的果蝇只有少数能够存活。然而，第一代中出现这种隐性无眼型果蝇，证实了第四染色体上带有无眼基因的这一解释。

在类似的实验中，使用另外两个突变基因——弯翅和剃毛，也得到了同样的结果，但在杂交一代（F_1）中孵化出隐性果蝇的比例更小，表明这两个基因的削弱作用比无眼基因更大。

偶尔会出现有 3 条第四染色体的果蝇，这些是“三体－Ⅳ”的果蝇，如图 32 所示。它们与野生型也许有一些不同，也许是所有的性状都不同，眼更小，身体颜色更深，翅膀更窄。如果一只三体－Ⅳ型同一只无眼型果蝇交配，会产生两种后代，如图 33 所示：一种是三体－Ⅳ果蝇，一种有正常数目的染色体。

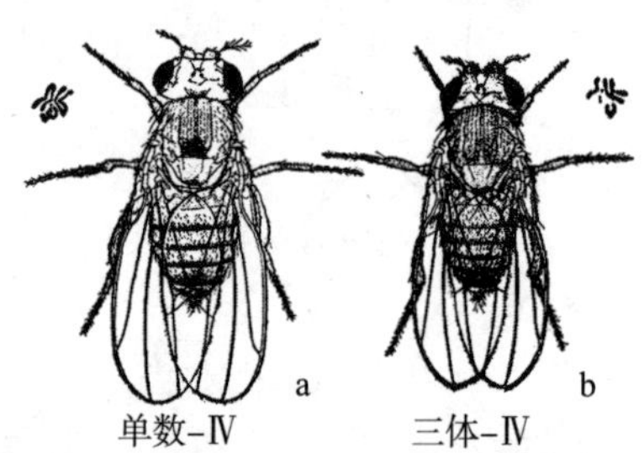

图 32　单数－Ⅳ型和三体－Ⅳ型雌果蝇的染色体群

左右上角分别表示各类型的染色体群。

现在，如果这些三体－Ⅳ果蝇同无眼型果蝇（原种）回交，预计将有 5 只野生型果蝇对 1 只无眼型果蝇（见图 33 下半部分），而不是像普通的杂合个体同其隐性个体回交那样的 1∶1。如图 33 所示，显示了预计会产生野生型和无眼型的 5∶1 比例。实际得到

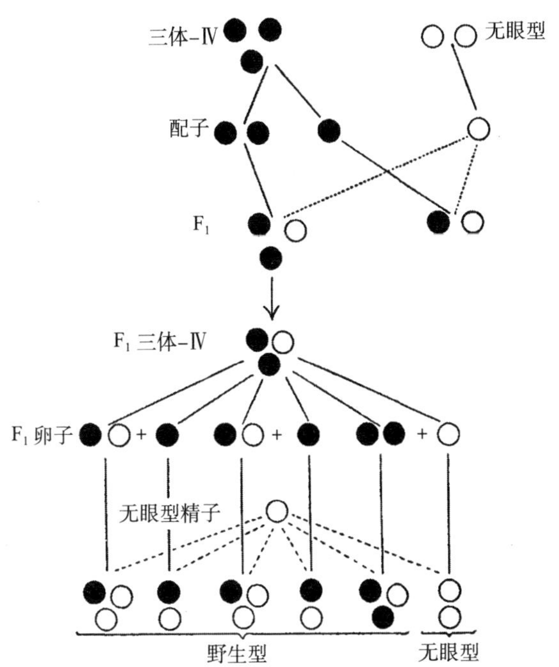

图 33　正常眼的三体 – Ⅳ果蝇同纯种无眼二倍体果蝇杂交

下半部分，F_1 三体 – Ⅳ型果蝇（其配子用“F_1 卵子”表示）同二倍体无眼型果蝇（“无眼精子”用圆圈表示）杂交，产生 5 种果蝇，其中野生型与无眼型果蝇的比例为 5∶1。

的无眼型果蝇数与预期的接近。

这些实验和其他同类实验表明，遗传结果在每一点上都与已知的第四染色体的历史相吻合。熟悉这些证据的人，都不会怀疑第四染色体上有什么东西与观察结果有关这一点。

还有证据表明，性染色体是某些基因的携带者。在果蝇中，有多达 200 种性状的遗传被认为是性连锁的。性连锁仅意味着各个性状是由性染色体携带的，而不是说这些性状仅限于雌体或雄体。由于雄蝇有一对不同的性染色体，即X染色体和Y染色体，所以基因位于X染色体上的性状，与其他性状的遗传有些不同。有证据表明，果蝇的Y染色体不包含任何隐藏在X染色体中的基因。因此，Y染色体除了在精子细胞减数分裂时作为雄蝇X染色体的配偶外，是没有其他作用的。第一章已经给出了果蝇连锁性状的遗传方法（见图11至图14）。图38中给出了性染色体的遗传方法，可以看到，这些性状分布遵循着染色体的已知分布。

性染色体偶尔也会“错乱”，这种错乱为研究性连锁遗传中发生的变化提供了机会。最常见的错乱是由于雌蝇的两条X染色体在成熟期的某次分裂中未能分离，这个过程被称为不分离。这样的卵子保留了两条X染色体和其他染色体各一条，如图34所示。如果这种卵子同Y型精子受精，就会产生一个有两条X和

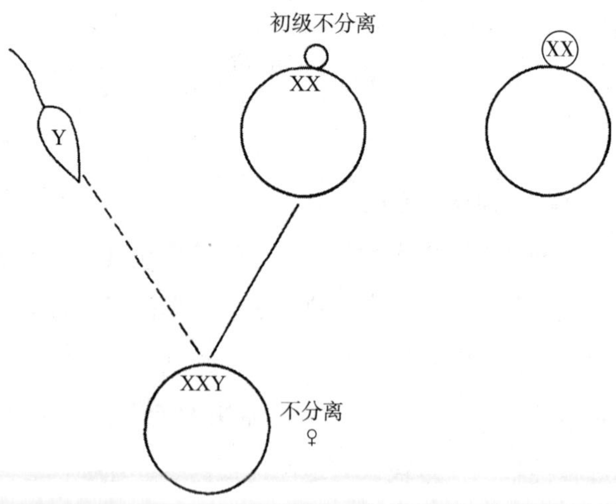

图34　XX型卵子同Y型精子受精，产生一个不分离的XXY雌体

一条 Y 染色体的雌性。当 XXY 雌蝇的卵子成熟时，染色体减数分裂，两条 X 和 Y 呈现不规则分布。因为两条 X 可能相互接合，让 Y 自由移动到任何一极，也可能一条 X 和 Y 接合，留下另一条 X。无论哪种情况，结果几乎都是一样的。白眼 XXY 雌蝇同红眼 XY 雄蝇受精，如图 35 所示，预计可以得出 4 种卵子。

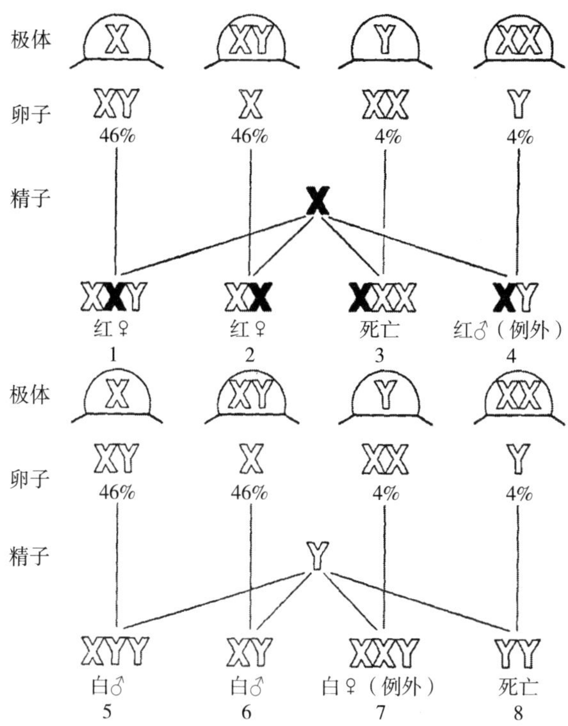

图 35　不分离，白眼 XXY 雌蝇同红眼 XY 雄蝇受精

图上显示了 XXY 卵子的受精情况，红眼雄蝇的 X 染色体精子，同 4 种可能有的卵子受精。图下部显示了同样的 4 种卵子同雄蝇的 Y 染色体的精子受精的情况。

为了跟踪遗传上的各种变化，雌蝇或雄蝇的 X 染色体必须有一个或多个隐性基因。例如，如果雌蝇的两条 X 染色体各有一个白眼基因，而雄蝇的 X 上有红眼等位基因，如果白眼用白色空心 X 染色体表示，红眼用黑色实心的 X 染色体表示（见图 35），结果会产生图 35 中所示的那些组合。预计可以得到 8 种个体，其中一种（YY）甚至没有 X 染色体，预计不会存活。事实上，这一类个体并没有出现。这些个体中的 4 号和 7 号，[①] 在普通白眼（XX）雌蝇同红眼雄蝇受精时从未出现。然而，它们的出现符合对 XXY 白眼雌蝇的预测。两者已经通过细胞学进行了测试，发现与这里给出的染色体公式相符。此外，通过细胞学检查，白眼 XXY 雌蝇也被证明细胞内有两条 X 和一条 Y。

预计还有一种有 3 条 X 染色体的雌蝇，图中指明这种是无法存活的，在绝大多数情况下都是如此，但也有极个别能够存活下来。这种蝇有一些特征，可以很容易地被识别出来，它行动迟钝，两翅很短，而且很不规则（见图 36），无生育能力。在显微镜下检查表明，这种个体的细胞有 3 条 X 染色体。

这一证据表明，X 染色体上有性连锁基因的说法是正确的。

在 X 染色体中还有一种反常情况也支持这一结论。有一个类型的雌蝇，其遗传行为只有假设它的两条 X 染色体相互附着，才能得到解释。在卵子成熟分裂时，两条 X 染色体联合行动，都留在卵内或者一起排出卵外，如图 37 所示。通过显微镜观察发现，

① 原文为 8 号，译文中已予修正。——译者注

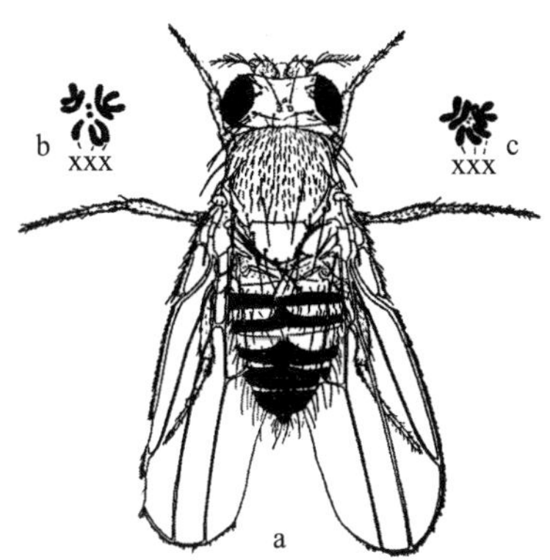

图 36　果蝇的超雌型（$2n+3x$）

a：含有 3 条 X 染色体的雌蝇；b、c：含有 3 条 X 染色体，其他染色体（常染色体）各含两条。

这些雌蝇的两条 X 染色体是端对端相互附着的，而且还显示，这些雌蝇有一条 Y 染色体，据推测，它是两条相连的染色体的配偶。图中给出了这种雌蝇受精后的预测结果。幸运的是，附着的两条 X 染色体上各有黄翅隐性基因。两个黄翅基因的存在，使我们能够在这样的雌蝇同具有灰翅的正常野生型雄蝇交配时跟踪 X 的遗传过程。例如，图 37 显示，成熟分裂后会有两种卵子：一种卵子保留了黄翅的双 X 染色体，另一种卵子保留了 Y 染色体。如果这些卵子同任何雄蝇受精，最好是同 X 染色体有隐性基因的雄蝇受精，就会产生 4 种子蝇，其中两种不会存活。存活下来的两种，一种是黄翅的双 X 雌蝇，像母蝇一样，另一种是 XY 雄蝇，因为这条 X 来自它的父蝇，所以在性连锁性状方面与父蝇相同。

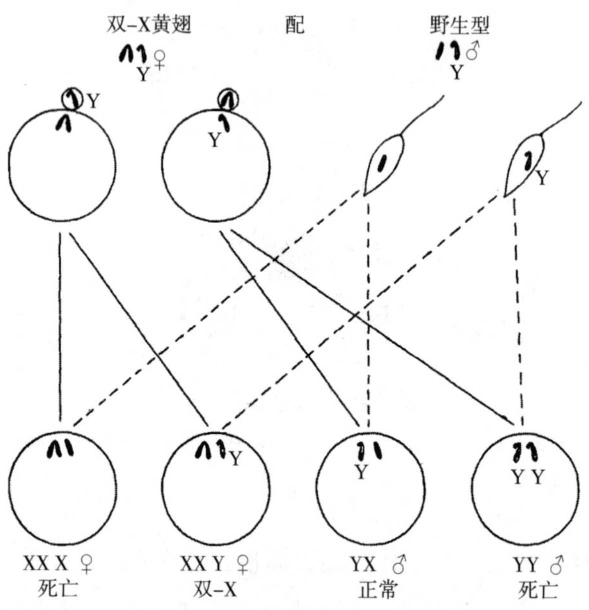

图37　相互附着的XX型黄翅雌蝇（双X染色体全涂黑）同红眼XY雄蝇的受精情况

在双X雌蝇体内有一条Y染色体。这里着横线表示，雄蝇的Y染色体也以同样符号表示。减数分裂后产生两种卵子（图左上），两种卵子同正常（野生型）雄蝇的两种精子受精（图右上），产生图中底部的4种个体。

如果带有隐性基因的正常雌蝇，同不同种类的雄蝇受精，发生的情况完全相反，这种表面上的矛盾，根据两条X染色体彼此附着的假设，是可以得到解释的。对这些双X雌蝇的细胞学检查，证明两条X染色体都是彼此附着的。

第五章 突变性状的起源

现代遗传学研究与新性状的起源密切相关。事实上，只有当有成对的相对性状可以被跟踪时，才可能研究孟德尔遗传。孟德尔在他使用的商品豌豆里发现了高和矮、黄和绿、圆和皱这一类的性状。后来的研究也广泛采用了这种材料，但有些最好的材料，却是由新型性状提供的，这些性状的起源在谱系中是比较确定的。

这些新性状在大多数情况下是突然发生的，完整齐全，并以与它们的原型性状相同的方式维持恒定。例如，果蝇的白眼突变体，在一个培养基中，只有一只雄蝇出现。该蝇同普通红眼雌蝇交配，所有的子代都是红眼（见图 38）。这些子代自交，会在下一代产生红眼和白眼两种个体，并且所有的白眼个体都是雄蝇。

然后，孙代白眼雄蝇和同一世代的红眼雌蝇交配，产生了同等数量的白眼和红眼的后代，包括雄蝇和雌蝇。当这些白眼果蝇自交时，便产生了纯白眼的原种。

用孟德尔第一定律来解释上面这些实验结果，假设在生殖质

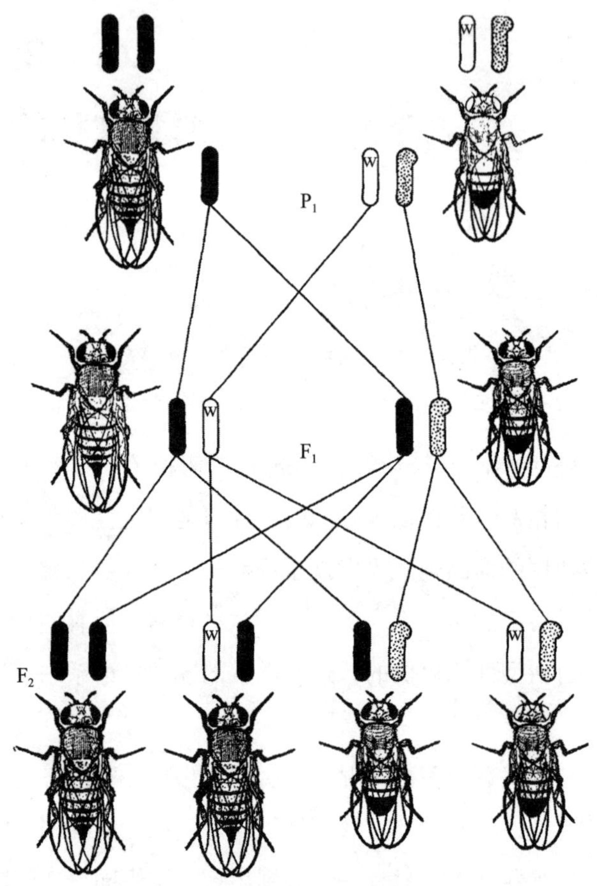

图 38 黑腹白眼突变型的性连锁遗传

白眼雄蝇同红眼雌蝇交配。载有红眼基因的 X 染色体用黑棒表示，载有白眼基因的 X 染色体用白棒表示，染色体上的白色隐性基因用 W 表示，Y 染色体上着细点。

内存在一个产生红眼和产生白眼的两种要素（或基因），两者表现了一对相对要素的特点，在杂种的卵子和精子成熟时相互分离。

值得注意的是，该理论并没有说白眼基因单独产生白眼。它只是说，原始材料的某些部分发生了变化，由于这种单一的变化，整个物质才产生了一种不同的最终产物。事实上，这种变化不仅影响到蝇眼，也影响到了身体的其他部分。白眼果蝇的精巢膜变成了无色，而红眼果蝇的精巢膜是绿色的。白眼果蝇比红眼果蝇更迟钝，而且寿命更短。很可能身体的许多部分，都受到在胚胎物质的某些部分发生的变化的影响。

在自然界中，尺蠖蛾（*Abraxas*）的浅色或白色的个体很少出现，且通常都是雌性。白色突变型雌蛾同黑色野生型雄蛾交配（见图 39），产生的子代与黑色野生型相似。

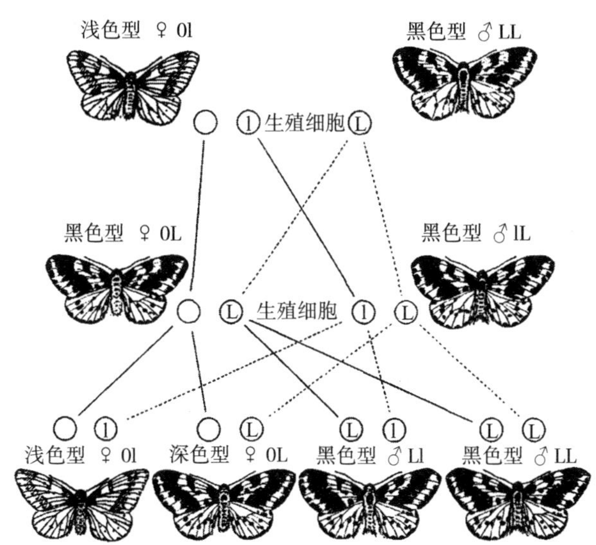

图 39　尺蠖蛾（*Abraxas*）的浅色突变型（*Lacticolor*）同普通黑色型（*Grossulariata*）的杂交

载有黑色基因的性染色体在此用带圆圈的 L 表示，浅色基因用带圆圈的 l 表示。无字的圆圈（不含字母）代表雌蛾独有的 W 染色体。

这些近亲繁殖，深色型和浅色型的比例为3∶1。白色的孙代（F_2）个体都是雌性。如果它们和同一世代的雄性交配，其中有些产生同样数目的白眼果蝇和红眼果蝇，每种雌雄各半。这些白眼果蝇自交，便产生纯粹的白眼原种。

以上两种突变性状，在野生型的相应性状中是隐性的，但也有其他突变体起着显性作用。例如 $Lobe^2$ 眼，其性状在于眼的特殊形状和大小（见图40）。原来只出现了一个果蝇，其子代中的半数显示出同样的性状。无论是在突变型的母体内还是父体内，第二染色体中的一个基因肯定发生了变化。含有这种基因的生殖细胞受精时，同有正常基因的细胞结合，于是产生了第一个突变体。因此，第一个个体是杂种或杂合子，如上所述，在同正常果蝇交配时，产生的后代中 $Lobe^2$ 眼和正常眼的数量相同，各占一半。这些杂合型中的两个 $Lobe^2$ 眼果蝇交配，得出纯种 $Lobe^2$ 眼果蝇。纯种（纯合的 $Lobe^2$ 眼）与杂合型相似，但通常眼更小，而且可能缺少1只或2只眼。

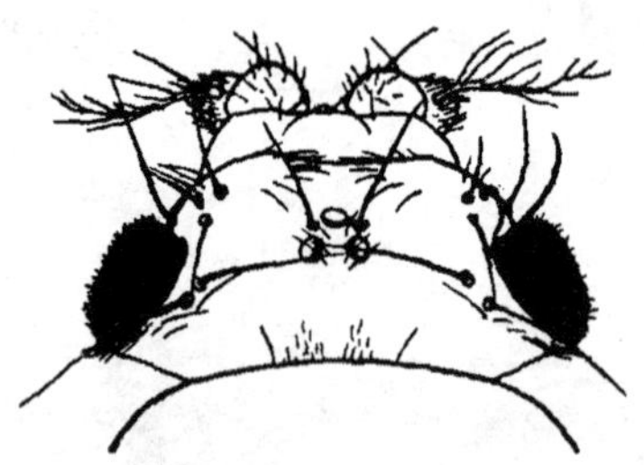

图40　黑腹果蝇的突变性状 $Lobe^2$ 眼（小而突出）

奇怪的是，许多显性突变体在纯合的状态时是致死的。因此，显性的卷翅性状（见图41）在纯合状态时几乎总是死亡。但偶尔有个体能够存活。鼷鼠的黄毛突变体，作为双重显性基因是致死的，鼷鼠的黑眼白毛突变基因也是如此。所有这种类型都不能育成纯粹的原种（除非用另一个致死的显性基因与这个显性“平衡”）。它们的每一代个体都有一半与自己相似，另一半是另一类型（正常的等位基因）。

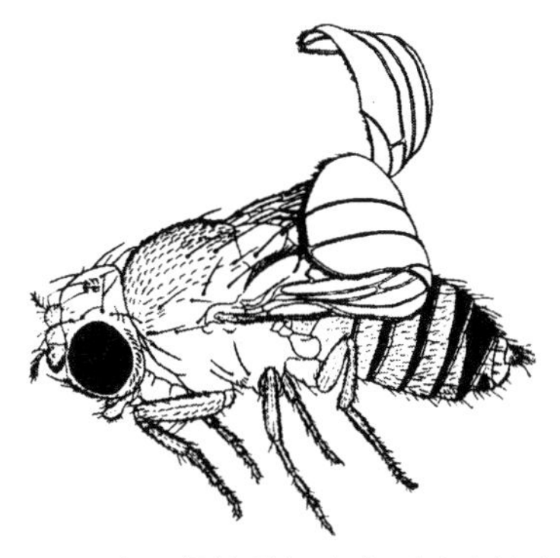

图 41　黑腹果蝇的卷翅突变型（末端上卷）

人类的短指型是一个突出的显性性状，其遗传性是众所周知的。毋庸置疑，它作为一种显性突变体出现，在家族中持续固定下去。

所有果蝇的原种群都是作为突变体出现的。在我们列举的例子里，突变体最初出现在个体上。然而在其他几个例子中，有几个新突变型同时出现。这种突变一定是在生殖的早期出现的，因此有几个卵子或几个精细胞带有这个突变了的要素。

有时，一对果蝇的子代中有 1/4 是突变体。这些突变体都是隐性的，证据表明，这种突变发生在某一祖先体内，但因为是隐性的，所以，只有两个各自具有突变基因的个体会合才表现出来，这样，它们的子代中应该有 1/4 会表现出隐性性状。

近亲繁殖的种群比远亲繁殖的种群更应该产生这种结果。如果是远亲繁殖，则在这样的两个个体偶然会合之前，这个隐性基因可能已经分布在许多个体上了。

在人类的生殖质内很可能有许多隐性基因，因为有些缺陷的性状比预期的独立突变更频繁地出现。当追查他们的家谱时，经常会发现他们有些亲属或祖先具有相同的突变性状。人类白化病患者可能是这种情况的最好例子。在许多情况下，白化人都由带有隐性基因的种群产生的，但白化病的新基因总是可能通过突变产生。即使如此，它也无法表现出来，除非与另一个相同的基因会合。

大多数被驯化的动物和植物表现出的许多性状，与被确定了来源的突变体的性状一样遗传了下去。毫无疑问，许多性状是通过突变产生的，特别是在驯化类型来自近亲繁殖的情况下。

我们不应该从前面的例子中断定，只有驯化品种才能产生突变体，因为事实并非如此。有大量证据表明，同样类型的突变也发生在自然界中。由于大多数突变体是比野生型更弱或适应性更差的类型，它们在被识别之前就已经消失了。但是，在培养过程中，个体受到保护，较弱的类型有机会生存。此外，驯化生物，特别是那些供遗传研究的生物，经过了严密检查，而且我们对它们很熟悉，所以能够发现许多新类型。

通过对果蝇种群中发生的突变的研究，发现了一个奇怪的意外事实。突变只发生在一对基因中的一个基因里，而不是同时发生在两个基因里。很难想象是什么样的环境影响能导致一个细胞内的一个基因发生变化，而不引起另一个相对基因的变化。因此，变化的原因似乎来自内部而不是外部。这个问题将在后面进一步讨论。

还有一个事实因为对突变过程的研究引起了我们的注意。同样的突变可能会反复出现，表 1 列举了果蝇反复出现的突变。同一突变体的再次出现表明，我们观察到的是一个特殊而有序的过程。突变反复出现让人想起高尔登（Galton）著名的多面体的比喻。每一个变化都对应着基因的一个新的稳定位置（这里也许是指化学意义上的）。尽管这种比喻很诱人，但到目前为止，我们几乎没有关于突变过程的真正实质性的证据。

最常被提及或用于遗传学资料的突变型，通常是相当极端的改变或畸变。这有时会给人一种印象，突变体与原型之间的差异很大。达尔文曾谈到了飞跃，这只是极端的突变，他拒绝将其作为进化的材料，因为他认为身体一个部分的巨大改变，可能会使有机体与它已适应的环境失去协调。现在，我们充分认识到这一说法产生畸形或畸变的极端变化上的正确性，另一方面，我们也认识到，微小的变化与较严重的变化一样，也是突变的一种特征。事实上，已经多次证明：一个部位或大或小的微小变化，也可能是由生殖质内的某些基因造成的。由于只有由基因引起的差异才会被遗传，那么，似乎可以推断：进化必须通过基因的变化才能进行。然而，这并不意味着这些进化的变化与我们所看到的突变的变化相同。野生型基因可能来自不同的起源。事实上，人们往往默认这种观点，甚至还大力宣扬。因此，重要的是要找出是否有证据支持这种观点。德弗里斯（De Vries）早期提出的著名的突变论，似乎暗示了新基因的产生。

突变论的开篇指出："有机体的性质是由完全不同的单元组成，彼此之间有明显的区别。这些单元结合成群，并且在同属异种中，相同的单元和单元群会重复出现。在动物和植物的外部形态中看不到那样的过渡阶段，在这些单元之间正像化学家的分子与分子之间那样（不连贯的）存在。"

重现的突变和等位因子系，如表 1 所示。

表 1　重现的突变和等位因子系

基因点	重现总数	鲜明的突变型	基因点	重现总数	鲜明的突变型
无翅	3	1	致死 –a	2	1
无盾片	4 ±	1	致死 –b	2	1
细眼	2	2	致死 –c	2	1
弯翅	2	2	致死 –o	4	1
二裂脉	3	1	叶状眼	6	3
双胸	3	2	菱眼	10	5
黑身	3+	1	栗色眼	4	1
短毛	6+	1	细翅	7	1
褐眼	2	2	缺翅	25 ±	3
宽翅	6	4	桃色眼	11+	5
辰砂眼色	4	3	紫眼	6	2
翅末膨大	2	2	缩小	2	2
缺横脉	2	1	粗糙状眼	2	2
曲翅	2	2	粗糙眼	2	2

续表

基因点	重现总数	鲜明的突变型	基因点	重现总数	鲜明的突变型
截翅	16+	5+	红玉色眼	2	2
短肢	2	2	退化翅	14+	5+
短大体	2	1	暗褐体	3	2
三角形脉	2	2	猩红色眼	2	1
△状脉	2	1	盾片	4	1
二毛	3	3	乌贼色眼	4	1
微黑翅	6+	3	焦毛	4	1
黑檀体	10	5	星形眼	5	3
无眼	2	2	黄褐体	2	1
肥胖	2	2	四倍性	3	2
叉毛	9	4	三倍性	3	1
翅缝	2	1	截翅	15 ±	1
沟形眼	2	2	朱眼	8 ±	5
合脉	2	22	痕迹翅	12 ±	2
石榴石色眼	5	3	白眼	6	4
单数 – Ⅳ	35 ±	1	黄体	25 ±	11
胀大	2	1	黄体	15 ±	2

“物种之间并没有连续的联系，而是各自通过突然的变化或阶级产生的。在已经存在的物种上每添加一个新单元，便形成一级，并将新型作为一个独立种，与原物种分离开来。新物种是那里的一个‘突变’，看不出有什么准备，也没有什么过渡。”

从上面的论述可以看出，产生新的初级物种的突变，是因为突然出现或创造了一个新的要素——新基因。换句话说，我们在突变中见证了一个新基因的诞生，或者至少是激活。世界上活跃的基因数量又增加了一个。

德弗里斯在《突变论》的最后几章和他后来关于“物种与变种”的演讲中，进一步阐述了他对突变的看法。他承认有两个过程：一个是增加了一个新基因，由此产生一个新的物种；另一个是原有基因失去活性。目前我们感兴趣的是第二种看法，因为虽然表达方式不同，但实际上就是现在主张培养中的新型起源于一个基因的损失的观点。事实上，德弗里斯本人将所有观察到的损失突变都归入这一范畴，而不考虑其显性或隐性，因为其基因已失去活性，所以默认它们是隐性的。他认为，孟德尔式结果只属于第二范畴，因为存在着成对的基因——活跃的基因和不活跃的基因。这些基因彼此分离，产生了孟德尔遗传所特有的两种配子。

德弗里斯认为，这样的过程代表了进化的倒退。正如我所说的，这种解释与目前对突变的解释非常相似，因为突变是由于基因的损失，原则上这两种观点是相同的。

因此，研究引起德弗里斯提出突变假说的证据，是有意义的。

德弗里斯在荷兰首都阿姆斯特丹附近的一块荒地上发现了一簇待霄草群（*Oenothera Lamarckiana*），如图 42 所示。其中有几株与普通型有些不同。他把其中的几株移植到了自己的花园，发现它们大部分都能正常繁殖。他还培育了亲本，即拉马克亲型。在每一代中，它都产生了少量同样的新型。当时总共有 9 种类型被认可，都是崭新的突变型。

图 42 左侧是拉马克待霄草，右侧是巨型待霄草
（仿卡塞尔，戴维斯提供）

现在发现，这些新型中有一种是由于染色体数目加倍所致，它被称为巨型（见图 42）。有一种是三倍型，称为半巨型。另有几种类型是由于增加了一条染色体，这些被称为 lata 型和 semi-lata 型。至少有一种 brevistylis，属于基点突变体，就像果蝇的隐性突变体一样。那么，德弗里斯所援引的，一定是 O.brevistylis 以及隐性突变体的残余。[①] 现在看来，这种残余（隐性突变体）极有可能符合果蝇的突变型，但这种残余几乎在每代中重复出现，完全不同于果蝇和其他动物及植物的突变。根据与这些隐性突变基因密切相关的致死基因的存在，可以找到一个可能的解释，只有当隐性基因通过交换作用从其附近的致死基因中脱离时，它才能表现出来。在果蝇中，已经有可能造出含有隐性基因的平衡致死纯种，与待霄草极为相似。只有当交换发生时，该隐

① 德弗里斯和施通普斯（Stomps）都认为巨型待霄草的一些特殊性是由染色体数目以外的其他因素造成的。

性基因才会重新出现，其出现的频率取决于致死基因与隐性基因间的距离。

人们发现，待霄草的其他种类的行为与拉马克待霄草相同，因此，其遗传的特殊性不是由于杂种起源（像有时推测的那样），而是由于与致死因素有关的隐性基因的存在。突变型的出现，并不代表产生突变基因的突变过程，而是它从致死连锁的解放过程。[①]

这样看来，拉马克待霄草的突变过程，与发生在其他植物和动物身上熟悉的过程，可能没有本质区别。换句话说，没有理由再把它所显示的突变过程，解释为与其他动植物发生的突变过程有本质的不同，只是由于致死基因的存在，拉马克待霄草的一些隐性突变基因被掩盖了。

我认为，没有假设待霄草的基因被添加的必要性，即使是当一个新的或改进的待霄草类型出现时。也许德弗里斯所认为的这种改进类型，是通过在正常的染色体中增加一整条染色体而产生的。这个问题将在第十二章中讨论，此处只需要指出，支持通过这种途径产生新物种这种观点的证据，目前还很少。

---

① 舒尔（Shull）根据致死连锁假说，对拉马克待霄草的一些隐性型的出现做了解释。S.H. 爱默生最近指出，到目前为止，舒尔发表的证据虽然并不完全有说服力，但它可能是有效的。德弗里斯在最近的出版物中，似乎并接受了对某些经常重复的隐性突变体的致死解释，他把这些突变体放在“中央染色体”。

第六章
突变型隐性基因

孟德尔未曾考虑基因的起源和性质问题。在公式中他用大写字母表示显性基因，用小写字母表示隐性基因。纯显性基因是AA，纯隐性基因是aa，而杂种或子代（F_1）是Aa。因为黄和绿、高和矮、圆和皱的性状，已经存在于为实验选择的豌豆中，所以起源不是问题。直到后来考虑突变型与野生物种的关系时，突变型的起源才引起了人们的关注。举一个特殊的例子，家鸡中的玫瑰冠和豆状冠，似乎与将隐性基因解释为损失或缺失的说法有关系。

某些品种的家鸡具有玫瑰冠（见图43c），并繁殖玫瑰冠的后代。另一个品种具有豆状冠（见图43b），它们繁殖豆状冠的后代。如果两个品种杂交，子代（F_1）有一种新的冠，称为胡桃冠（见图43d）。如果两只带有胡桃冠的子代交配，孙代中显示出9个胡桃冠，3个玫瑰冠，3个豆状冠和1个单片冠。以上数字结果表明：有两对基因参与其中，即玫瑰状和非玫瑰状，豆状和非豆状。单片冠是非玫瑰状和非豆状，这两者被解释为豆状冠和玫瑰状冠基因的缺失。但是，豆状基因和玫瑰状基因的缺失，并不能证明这两个基因的等位基因也不存在，等位基因可能只是既不产生豆状冠也不产生玫瑰冠的其他两个别的基因。

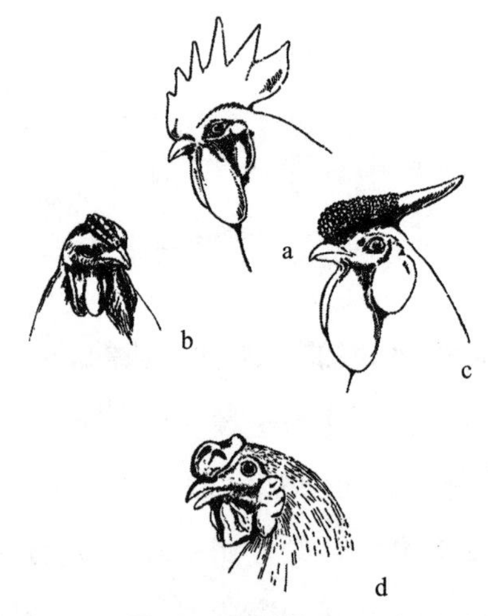

图 43　家鸡的冠型

a：单片冠；b：豆状冠；c：玫瑰冠；d：胡桃冠（豆状冠同玫瑰状冠杂交后的杂种或 F_1）。

这个结果可以用另一种方式来解释，更能说明其中的过程。假设野生原鸡（驯化种族的来源）有一个单片冠，并且在某个时期内发生了一个显性突变，产生了豆状冠，而在另一个时期内，另一原鸡发生了另一个显性突变，长出了玫瑰冠，那么，在上述的杂交中，孙代（F_2）单片冠是由于原始野生型基因的存在。由于豆状冠是由该基因突变产生的，因此，具有豆状冠的种族（PP）含有野生型基因（rr）。由于玫瑰冠是由该基因突变产生的，同样，有玫瑰冠的种族（RR）含有野生型基因（pp）。因此，豆状冠种族的公式为 PPrr，玫瑰冠种族的公式为 RRpp。这两个种族的生殖细胞将分别为 Pr 和 Rp，而 PpRr 这两个显性基因产生一个新型冠，即胡桃冠。由于子代中存在两对基因，因此孙代（F_2）中必然有 16 种组合，其中一种是 Pprr 即单片冠，单片冠是由进行杂交的野生型隐性基因的重新组合产生的。

隐性性状与基因的缺失

毫无疑问，在缺失理论的背景下，隐藏着这样一种观点：许多隐性性状是原型所固有的某些性状的真正损失，因此推断该性状的基因不存在。这种观点是魏斯曼关于定子与性状关系的理论的残余思想。

仔细研究看上去支持这种解释的证据，是有所启发的。

白兔、白大鼠或白豚鼠，可以被解释为失去了原型所特有的色素性状。从某种意义上说，没有人会否认这两种类型的关系，可以用这种方式来表达，但需要注意的是，许多白豚鼠的脚或趾上有少数的有色毛。如果没有产生色素的基因，而颜色又依赖于这种基因的存在，那么，这些有色毛的存在就很难解释了。

果蝇的一个突变原种族，被称为痕迹翅型（见图 10）。但如果幼虫在大约 31℃的温度下发育，痕迹翅就很长，甚至可以和野生型的翅的长度相同。如果产生长翅的基因不存在，那么，高温怎么能使它重新出现呢?

还有一种精选的果蝇种族，其中大多数个体无眼，少数个体有小眼（见图 30）。随着培养时间的增加，有眼蝇也就越多，而且眼的平均尺寸也更大。如果最初孵化的无眼蝇中没有这种基因，那么，长期培养也不可能使缺失的基因重新出现。此外，如果是这样的话，长期培养的果蝇应该产生更多这样的后代，有眼或有比该族的平均水平更大的眼，但这种情况并没有发生。

还有一些隐性突变型，其性状本身的损失并不明显。黑兔和灰色野兔对比，黑是隐性的，但实际上黑兔比灰兔有着更多的色素。

有一些显性基因可以产生纯白色的个体。白色来亨鸡就是由于这种基因产生的。但是，这里所持的论点恰恰相反，据说野生型原鸡中存在一种抑制白羽的基因。当这种抑制基因消失后，这种鸡就能长出白羽。尽管这个论点看起来很有逻辑性，但原鸡中存在这种基因的假设似乎很牵强，而且考虑到其他显性性状的出现，这个论点并不可取，似乎只是为了挽救这个理论而采取的一种被迫无奈的尝试。

应该注意是，隐性基因和显性基因之间的区别，很大程度上是人为勉强划分的。经验告诉我们，基因不一定总是隐性或显性的。相反，在大多数情况下，一种性状不是完全显性或完全隐性的。换句话说，含有一个显性基因和一个隐性基因的杂交类型，大概位于亲本类型之间，即两种基因都对表现的性状有一些影响。当认识到这种关系后，主张隐性基因是一种缺失的理论就站不住脚了。诚然，在这种情况下，可能会有人认为，由于一个显性基因比两个显性基因产生的影响要小，所以杂种是中间型的，但这又会增加一个新的因素。这并不一定意味着，效应确实是由一个缺失引起的。它也许可以迎合这一假设，但却不是一个必要的推论。

如果承认前面的论点是合理的，那就可以否定这种从字面上来解释隐性基因相互关系的意义了。但近年来，出现了对全部基因的作用和性状之间关系的另一种解释，这使得对存缺理论的反驳更加困难。例如，假设一个基因确实从一条染色体上消失了，当两条这样的染色体会合时，个体的某些性状被修改甚至消失。这种改变或缺失，可以说是所有其他基因产生的结果。决定结果的不是缺失本身，而是当两个基因缺失时，其余基因产生的效果。这样的解释避免了一个相当幼稚的假设，即每个基因都代表了个体上的一种性状。

在讨论这种观点之前，应该指出，在某些方面，这种解释与另一种更熟悉的对基因和性状之间关系的解释相似，事实上，这种观点来自后面这种解释。例如，如果把这种突变作用解释为基因组织内的一种变化，当两个隐性突变基因存在时，那么新的性状不是只归因于新基因，而是所有基因活动的最终产物，包括新基因，同样，原始性状也归因于原始基因（突变的）和其他的基因。

简要地说，第一种解释认为，在缺失一对基因的情况下，所有其余的基因产生了突变性状。第二种解释则认为，当一个基因组织改变时，新基因和其余基因共同作用产生的最终结果，才是突变性状。

最近获得的一些证据，能对这里的问题进行一定的补充，尽管不能说对任何一种解释提供了一个针对两种观点的决定性答案。然而，这些证据本身是值得考虑的，因为它带来了与突变有关的某些可能性，而这些可能性迄今为止还没有被讨论过。

果蝇中有几个突变型原种，其翅端有一个或多个缺口，第三翅脉加粗（见图 44），统称为缺翅。只出现了具有这些特征的雌蝇，凡是具有缺翅基因的雄蝇一律死亡。缺翅雌蝇的一条 X 染色体上有缺翅因子，另一条 X 染色体具有正常等位基因（见图 45）。缺翅雌蝇的成熟卵子，各含一条 X 染色体。该型雌蝇同正常的雄蝇受精时，含 X 的精子同含正常 X 的卵子结合，发育成正常雌蝇；含 X 的精子同含缺翅的 X 的卵子结合，发育成一个缺翅雌蝇；含 Y 的精子同含正常 X 的卵子结合，发育成正常的雄蝇；含 Y 的精子同含缺翅的 X 的卵子结合，形成的结合死亡。其杂交一代的雌蝇与雄蝇的比例为 2∶1。

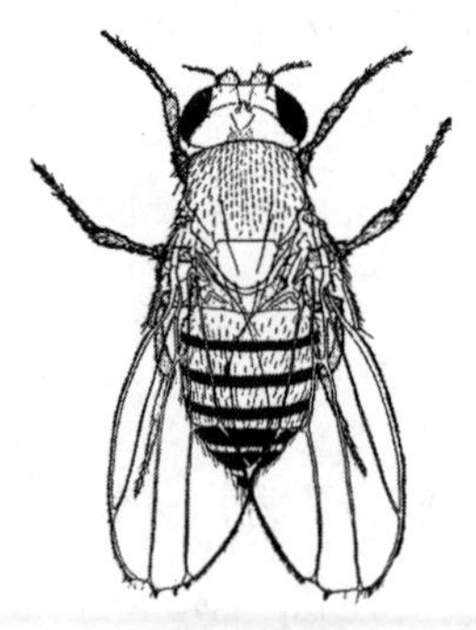

图 44　果蝇的缺翅突变型

果蝇的缺翅是一个显性的性连锁性状，又是一个致死的隐性性状。

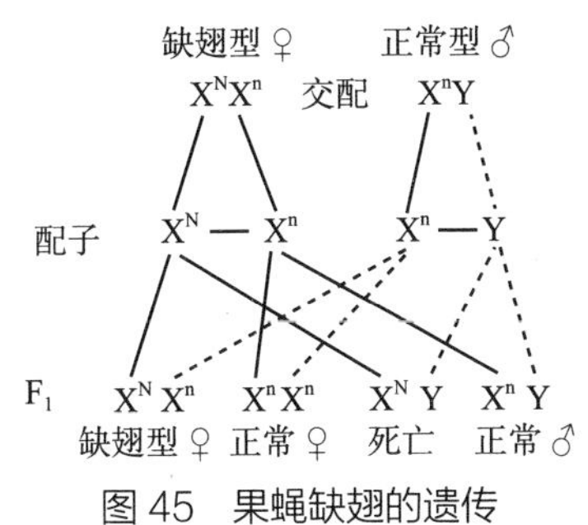

图 45　果蝇缺翅的遗传

正常雄蝇 X^nY 同缺翅雌蝇 X^NX^n 的杂交。带有缺翅的 X 染色体是 X^N；另一条 X 染色体带有正常的等位基因 X^n。

就这一证据而言，缺翅可以被解释为一个隐性致死基因，在杂种中作为显性翅形的修饰因子。后来梅茨（Metz）和布里奇斯（Bridges，1917）以及莫尔（Mohr，1923）证明，与普通的“点突变”相比，X 染色体的更多部分发生了缺翅突变；因为当一条 X 染色体的缺翅区域存在隐性基因，而另一条 X 染色体存在缺翅时，则这个个体会表现出隐性性状，好像缺翅染色体的某个部分不存在或不活跃（见图 46a）。实际上，结果与实际出现的缺失是一样的。在一些缺翅突变体里，“损失”的部分长约 3.8 个单位（从白眼基因的左侧到不整齐的右侧，参考图 19）；但在其他缺翅中，损失的部分包含较少的单位。在任何一种情况下，该实验似乎都意味着染色体的一小块（或多或少）在某种意义上已经丢失了。

如前所述，隐性基因与缺翅相对时，便产生其隐性性状。这与以下两种观点是一致的：一是隐性基因是不存在的，其效应是由所有其他基因产生的；二是隐性基因是存在的，同时与所有其他基因联合产生效果。这个实验结果，无法在这两种观点间做出明确的判断。

然而，由两个隐性基因所产生的性状，与一个隐性基因同缺翅“缺失”所产生的性状，它们之间存在着细微的差异。这种差异的存在，似乎是因为一个真正的缺失（缺翅）加上一个隐性基因，但并不等于两个隐性基因。也许经过深入思考后会认为，由于缺失的缺翅片段中缺少某些基因，而这些基因在双隐性型中是存在的，两种情况下结果的微小差异，也许是由于这些基因的缺失引起的。

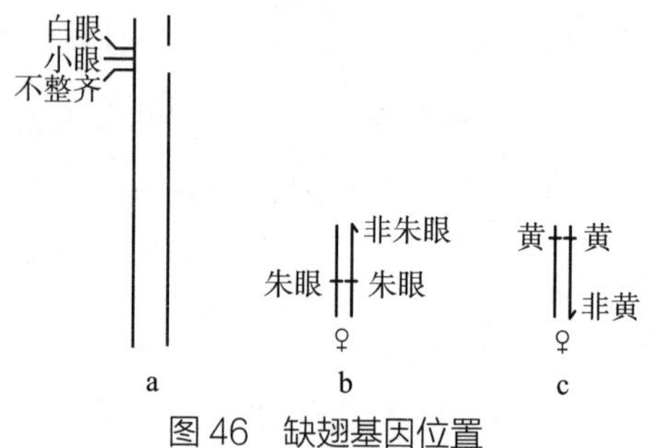

图 46　缺翅基因位置

a：缺翅染色体上基因的位置。右侧染色体上的断裂代表缺翅；左侧染色体上标明了 3 个隐性基因的位置（白眼、小眼、不整齐），它们与缺翅相对；b：显示了一条 X 染色体的片段移位到另一条 X 染色体上，有两条含朱眼基因的 X 染色体，其中一条 X 染色体上的片段带有朱眼的正常等位基因，即非朱色的；c：有两条黄翅基因的 X 染色体，其中一条连接着一个黄翅的正常等位基因的片段，即非黄翅。

在上面的例子中，缺翅突变体的 X 染色体缺少一部分，这仅仅是从遗传学证据中推断而来，并不能从细胞学方面证明。但下一个例子却证实了一个真正的缺失。

果蝇偶尔会缺乏一条第四染色体（单数 - Ⅳ，见图 29）。在某些突变原种里，第四染色体上有几个隐性基因。我们可以组成这样一种个体，在其第四染色体上只有一个无眼隐性基因。这种个体显示出无眼种群的性状，但作为一个类型来看，比存在两个无眼基因时更极端。这种差异可能是由于缺失的染色体上的其他基因缺少造成的。

在移位的情况下，出现了一种不同的关系，布里奇斯和摩尔根（1923）称之为易位（translocation），就是说，一条染色体的一个片段离开该染色体，并重新连接到另一条染色体上。这段基因将延续下去，由于它带有其他基因，因此增加了遗传结果的复杂性。例如，在朱眼基因点的正常 X 染色体的一部分，与另一条 X 染色体相连（见图 46b）。一只雌蝇的两条 X 染色体上各有一个朱眼基因，而易位的那一段附在其中一条 X 染色体上（见图 46b），尽管这一段中存在朱眼的一个正常等位基因，但仍是朱眼。乍一看，如果把朱眼基因解释为缺失，那么，两个缺失对一个存在来说，似乎不可能成为显性。但仔细一想，可能存在另一种解释，如果朱眼是由于朱眼基因缺失时所有其他基因的作用，那么，即使有一个显性的正常等位基因存在，也可能发生同样的结果。这种情况与朱眼基因存在于一条染色体上，而其正常等位基因存在于另一条染色体上的情况，并不能完全等同起来。

这里提到的关于两个隐性基因和移接段上的一个显性基因之间的关系，并不总是引起隐性性状发育的。例如，L.V. 摩尔根报道的另一个移位例子，黄翅盾片两突变基因区域的一段，移接到另一条 X 染色体的右端。如果一只雌蝇的每条 X 染色体上都有黄翅和盾片的隐性基因（见图 46c），并且其中一条 X 染色体和移位的一段连接，则该雌蝇表现出野生型性状。在这里，隐性基因的影响被移接那段的显性等位基因所抵消。这就是说，所有其他的基因和移接段上的基因联合作用，扭转了不利于显性型发育的趋势，这在关于基因性质的各种解释中，都是可以预期的现象。

在玉蜀黍的三倍型胚乳和一种三倍型动物里，也研究过两个隐性基因与一个显性基因的关系。玉蜀黍种子的胚乳细胞的细胞核是由一个花粉核（含单倍染色体）和两个胚囊核（各为单倍体）组合而成的三倍型核（见图 47），通过分裂产生了胚乳细胞的三倍型核。在粉质玉蜀黍中，胚乳由软柔的淀粉组成，而石质玉蜀黍的胚乳中有大量的角质淀粉。如果用粉质玉蜀黍作为母方（胚珠），用石质玉蜀黍作为父方（花粉），则产生的子代种子具有粉质胚乳。结果表明，两个粉质基因对一个石质基因呈显性作用（见图 48a）。如果为石质胚珠和粉质花粉结合，则子代（F_1）种子胚乳为石质，如图 48 a′ 所示。[①] 这里，两个石质基因对一个粉质基因，呈显性作用。选择哪个基因作为另一个基因的缺失，这是一个选择问题，如果缺失的是粉质基因，那么，在第一种情

① 原文为图 48 b，应为图 48 a′。——译者注

况下，可以说两个缺失基因对于一个存在基因来说是显性。在第二种情况下，两个存在基因对于一个缺失基因来说是显性。

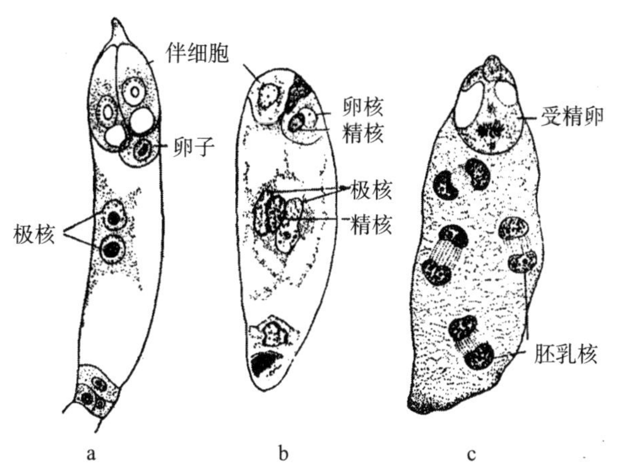

图 47　玉蜀黍卵细胞的受精及胚乳的发育

a：胚囊中卵核受精的三个时期；b：母方两个单倍型核和一个父方单倍型精核；c：三者联合，产生三倍型胚乳（仿 Strasburger 和 Guinard，威尔逊提供）。

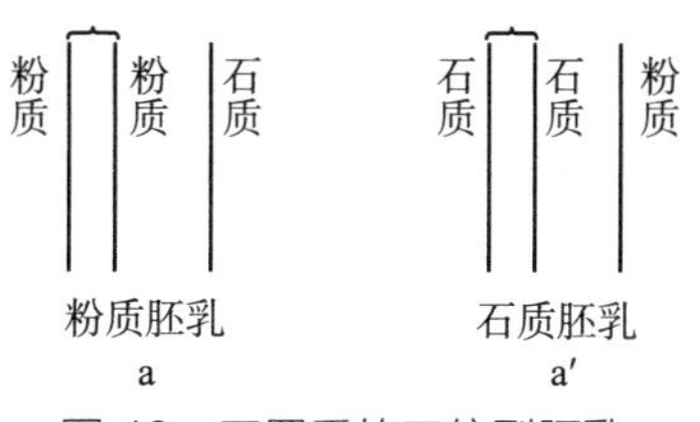

图 48　玉蜀黍的三倍型胚乳

a：存在两个粉质基因和一个石质基因时，产生粉质胚乳；a′：存在两个石质基因和一个粉质基因时，产生石质胚乳。

如果从字面上理解，两个缺失支配一个存在的解释是没有意义的，但如上所述，如果在一个基因缺失的情况下，性状是由其余的基因决定的，就有可能解释这样的说法，当然，如果存在一个粉质基因（由石质基因突变而成），其效果是由它本身和其余的基因产生的，那么，同样的解释也适用。因此，从三倍型胚乳的例子可以得知，正像一段染色体移接时增加第三者的移位例子一样，也不能判定隐性究竟是某一基因的缺失，还是其他基因的存在。

玉蜀黍中还有其他一些情况，其中两个隐性要素对一个显性，并不占优势，但这些情况对本问题没有什么影响。

如果三倍型雌蝇的两条 X 染色体上各有一个朱眼基因，第三条染色体上有一个红眼基因，就会得到红色眼。这里一个显性基因比两个隐性占优势。这一结果，与存在于复制段上的野生型（显性）基因与两个朱眼基因对立时产生的结果，完全相反。然而，三倍型与重复型的不同之处在于，三倍型出现了整条 X 染色体，而不是这条染色体的一小部分，所以，这两种情况并非在所有方面都相同。额外的 X 染色体上的过剩基因，可能是这两种情况存在差异的原因，无论隐性基因被解释为真正的缺失还是变异的基因，这一点都同样适用。

回原突变（返祖型）在突变过程中的作用

如果隐性基因是由基因的损失产生的，那么，就很难指望纯隐性基因会再次产生原始基因，因为这显然意味着无中生有，根本不可能产生高度特殊的东西。另一方面，如果突变是因为基因结构内的变化，那么，不难想象，突变基因有时会恢复到原来的状态。也许我们对基因的了解太少，还无法重视这种论点。尽管如此，根据后一种观点，对于返祖突变体的发生，似乎有更合理的解释。不幸的是，与该问题有关的证据并不令人满意。不过，在果蝇中确实有几个例子，其突变型隐性原种里，出现了具有原始或野生型性状的个体，但除非得到控制，否则这类事件还不能被认为证据充足，因为隐性原种中污染一个野生型个体的概率是不容忽视的。然而，如果标记一个突变原种的几个突变性状，而只有一个性状复原，且当时附近没有这些突变体的其他组合存在，那么，这种情况就能提供所需的证据。在我们培养的原种中，有少数记录的例子符合这些条件，而这些证据本身而言，表明了可能会发生回原。还有一种可能性需要引起注意，那就是一些突变原种，经过一段时间后，似乎或多或少地失去了该原种的性状，但在近亲繁殖时，突变性状又会恢复。例如，第四染色体上的弯翅性状（见图 30），本身是变化不定的，容易受外界环境影响，如果不进行选择，外貌有返回到野生型的倾向。如果这种外貌返祖的果蝇同野生型原种进行杂交，子代进行自交，弯翅性状会在许多孙代个体中重新出现。在另一个称作盾片的突变原种中也发现了类似的结果，其性状是胸部没有刚毛。

在某些盾片原种里，出现一些“缺失”刚毛的个体。显然，该突变体已经恢复到了野生型。但通过将这种果蝇同野生型的原种进行交配，结果这种情况并没有发生。在杂交二代中，盾片果蝇重新出现。

对这一例子的研究表明，盾片之所以能够恢复成正常性状，是由于一个隐性基因的出现，当该隐性基因出现在纯合的盾片原种时，会使缺失的刚毛再次发育。除了这一结果对正在讨论的问题的影响外，一个新的隐性突变使突变性状恢复到原型，这本身就是一个有趣和重要的事实。

最后，还有一种奇特的显性或半显性性状：细眼还原为正常眼（见图 49a、b）。近年来，根据梅（Mary）和泽勒尼（Zeleny）的观察，发现细眼可以还原为正常眼，这被一些人当作回原突变可能发生的证据。在不同的原种里，回原突变发生的频率也不同，据估计每 1600 次中发生一次。

后来斯特蒂文特（Sturtevant）和摩尔根发现，当细眼回原时，细眼基因附近发生了交换，斯特蒂文特在判明所发生的变化的性质方面，已经获得了关键证据。

每当回原发生时，就会发生交换，证明如下：在非常接近细眼左侧（0.2 单位）的地方有一个叉毛基因；在接近细眼右侧（2.5 单位）的地方有一个合脉基因。一只雌蝇的一条 X 染色体上含上述 3 种基因，细眼位于叉毛和合脉这两个基因之间，另一条 X 染色体上含细眼，及叉毛和合脉的野生型等位基因（见图 50）。这只雌蝇同叉毛、细眼及合脉的雄蝇交配，其子代的普通雄蝇要么是叉毛、细眼、合脉的，要么是细眼的，因为每只雄蝇都接受了母方的叉毛、细眼、合脉的 X 染色体，或非叉毛、细眼、非合脉的 X 染色体。

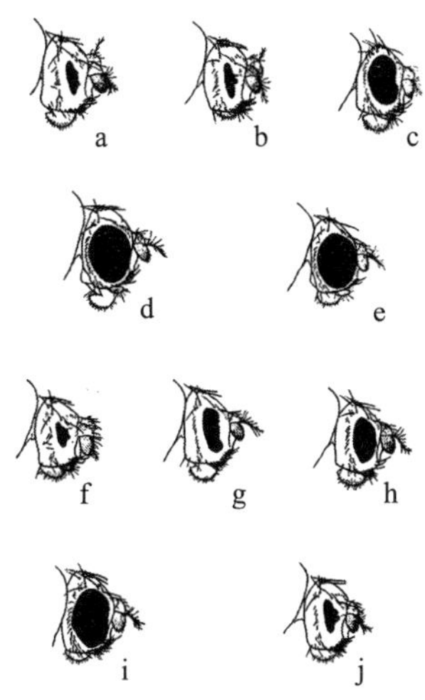

图 49　果蝇细眼的各种类型

a：纯合的细眼雌蝇；b：细眼雄蝇；c：细眼对圆眼雌蝇；d：通过回原得到的纯合圆眼雌蝇；e：通过回原得到的带有圆眼基因的雄蝇；f：双细眼雄蝇；g：纯合的次细眼雌蝇；h：次细眼雄蝇；i：次细眼对圆眼雌蝇；j：双次细眼雄蝇。

图50　杂合的叉毛、合脉型细眼雌蝇，同叉毛、细眼、合脉型雄蝇的杂交[①]

当回原突变发生时（很少发生），即出现一个圆眼雌蝇时[②]，可以观察到叉毛和合脉之间发生了交换。例如，回原型雄蝇要么是合脉的，要么是叉毛的，但从来不是叉毛和合脉兼备的，或者兼具非叉毛和非合脉的。所以母方染色体上的叉毛和合脉之间一

① 图中“+”代表野生型基因。——译者注

② 原文为雄蝇，译文中已予修正。——译者注

定发生了交换。叉毛和合脉之间的总交换率不到3%，但已包括了所有回原突变的情况。

为了简化，上面只谈到了回原型雄蝇。当然，回原型染色体可能已经进入到发育成雌蝇的卵子内。我们可以设计这样一个实验，使得在回原型雌蝇体内也能检测到交换作用的证据。子代普通雌蝇将是纯合的细眼（见图49a），子代回原型雌蝇将是杂合的细眼，并且是叉毛的或合脉的。但没有一个是既叉毛又合脉兼备的，也没有一个是既非叉毛又非合脉的。

导致还原为圆眼的交换，不只是使一条X染色体上的细眼基因丢失，也必然会把这个基因移放到另一条细眼染色体上（见图51a）。从外观上看，具有两个细眼基因的雄蝇（双细眼）与具有一个细眼基因的雄蝇相似，但其眼较小，小眼数量也少，这种类型被命名为双细眼（见图51b）。在同一直线序列中有两个等位基因是一种特殊的现象，至今还没有在任何其他突变中观察到。我们可以这样描述：设想在交换前彼此相对的细眼基因，在交换时稍微移动了一下位置，结果，双细染色体上至少延长了一个细眼基因，反之，另一条染色体也因细眼基因的"缺失"而相应缩短。

斯特蒂文特对回原原理论进行了一些关键测试。有一种细眼的等位基因（由细眼突变而产生），称为次细眼（见图49g、h），其两眼大小和小眼数目上有些差异。在次细眼原种中，也会发生回原现象（见图51b），产生与野生型非常相似的全圆眼型，以及一种称为双次细眼的新型（见图49j）。

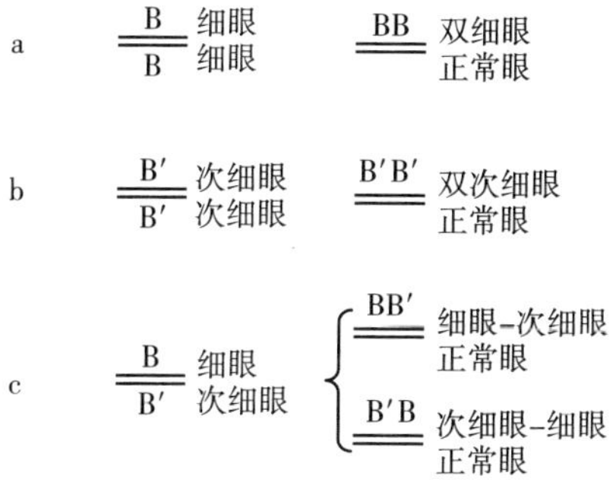

a　$\frac{B}{B}$ 细眼 / 细眼　　$\frac{BB}{}$ 双细眼 / 正常眼

b　$\frac{B'}{B'}$ 次细眼 / 次细眼　　$\frac{B'B'}{}$ 双次细眼 / 正常眼

c　$\frac{B}{B'}$ 细眼 / 次细眼　{ $\frac{BB'}{}$ 细眼-次细眼 / 正常眼；$\frac{B'B}{}$ 次细眼-细眼 / 正常眼

图 51　细眼、次细眼及细眼－次细眼三者的突变[①]

一条染色体上有细眼基因，另一条染色体上有次细眼基因的雌蝇（见图 51c），当发生回原时，该雌蝇会产生全圆眼型（野生型）和细眼－次细眼型或次细眼－细眼型（见图 51c）。

斯特蒂文特也利用了这两种类型，即细眼－次细眼类型和次细眼－细眼类型，用来证明：当细眼－次细眼在正常情况下发生交换时（见图 52a），只要突变基因都位于同一染色体上，其结果要么是叉毛细眼型，要么是次细眼合脉型；而当次细眼－细眼与正常型之间发生交换时（见图 52b），其结果是叉毛次细眼型，或细眼合脉型，如图 52a、b 所示。

由此可见，在这两型中，基因不仅保持了它们的性状，还保持了它们相互间的顺序。从 fBB′fu 和 fB′Bfu 这两种构成方式来看，基因的序列是已知的，而且在所有情况下，B 和 B′的断裂都与之前确定的顺序一致。

---

① 图中 B 代表细眼基因，B′代表次细眼基因。——译者注

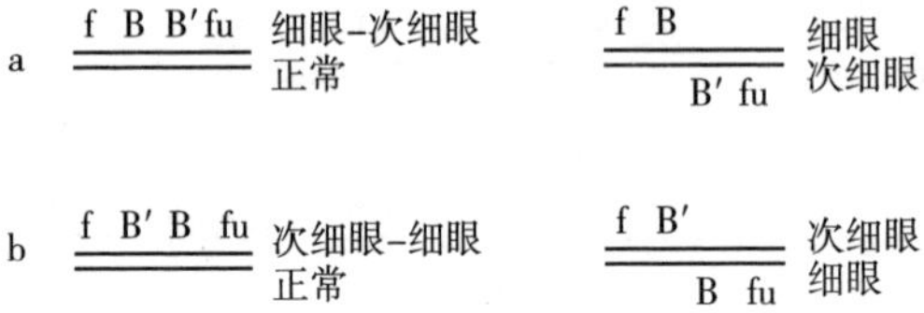

图 52 细眼 - 次细眼和叉毛、合脉的杂合子的交换

a：叉毛 - 细眼与次细眼 - 合脉之间的突变；b：叉毛 - 次细眼与细眼 - 合脉之间的突变。[①]

这些结果为“细眼回原”理论的正确性提供了至关重要的证据，即细眼回原是由于交换造成的。目前，这是一个独一无二的例子。在 X 染色体的细眼基因点上似乎有一些特殊性，允许等位基因间发生交换。斯特蒂文特把这种交换称为不等交换。[②]

上述结果提出了一个问题，即是否所有的突变都是由于交换所致？在果蝇里，有证据明确表明这不是一切突变的普遍解释，因为，突变可能发生在雄蝇体内，也可能发生在雌蝇体内，但雄蝇体内却没有发生交换作用。

关于多个等位基因的证据

在果蝇以及其他一些生物中（例如玉蜀黍），已经证明在同

---

① 图中 f 代表叉毛基因，fu 代表合脉基因，B 代表细眼基因，B′ 代表次细眼基因。——译者注

② 在这些关系中涉及关于细眼基因点的几个奇怪问题。例如，当细眼交换时，细眼基因点上还剩下什么？是细眼基因缺失了吗？最初的细眼是通过野生型基因的突变产生的，还是产生了一个新基因呢？这些问题仍在研究中。

一个基因点上可能发生不止一个突变，其中以果蝇白眼基因点上的一系列等位基因最为明显。除了野生果蝇的红眼之外，已经记录了不少于 11 种的眼色，它们形成了一个从白到红的分级系列：白色、赤褐色、浅色、革色、象牙色、曙红、杏红、樱桃、血红、红珊瑚、酒红等。白色是在这个基因点上观察到的第一个变异，但其他眼色并没有按照这个顺序出现。这些眼色并不是通过近邻的一系列基因突变而产生的，这一点从它们的起源和各种眼色之间的关系可以清楚地看出。例如，如果白色是由于一个基因点上的野生型突变，而樱桃是由于相邻基因点上的突变，根据这一假设，白眼将带有樱桃眼的野生型等位基因，而樱桃眼将带有白眼的等位基因。那么，当白眼同樱桃眼杂交时，子代雌性应该是红眼。

但杂交的结果并非如此，子代雌蝇都具有中间眼色。子代雌蝇又产生孙代白眼和樱桃眼两种雄蝇，各占半数。同样的关系适用于所有其他的等位基因，其中任何两个基因都可以同时存在于任何一只雌蝇体内。

如果从字面上理解存缺理论，则每一个基因的缺失就不能多于一个。在所有已知的有多个等位基因各由野生型独立变化而成的案例中，这种理论都是不能成立的。① 但也可以这样解释：缺

---

① 如果多个等位基因是连续出现的，那么，当然有可能每个都带有以前的突变基因。如果是这样的话，这两个物种的杂交就不会产生野生型。但是，如果像果蝇那样，每一个都是独立于野生型产生的，像文中所解释的那样，情况就不同了。

失与多等位基因的事实并不矛盾。例如，假设每个突变型在某个基因点上丢失不同数量的物质。损失某一分量，便为白色，损失另一分量，便为樱桃色，依此类推。这样一来，结果可能与事实相符，但应该注意到，这个假设要求对基因这一单元另作某种不同的解释。

这样一来，由两个这样的等位基因存在而形成的“综合物”，可能就不会产生野生型，而会产生别的东西。然而，如果承认这一点，就会改变存缺的概念，使之与这里所说的变异源于基因内的某种变化的观点基本相同。在我看来，坚持这种变化一定是基因的一部分损失的说法（基因是指某一特定基因点上的某种数量）并没有什么好处。

这是一个关于变化性质的臆想，对于解释结果没有什么价值。当然，可能是整个基因丢失，或者部分基因丢失，从而产生了一个新的突变体，但从理论上讲，基因也可能以其他方式发生变化。在我们对所发生的变化的种类没有明确的认知以前，把变化局限于一种过程，没有任何好处。

结论

分析现有证据，并不能证明这样的观点：原型中存在的某些性状的损失，必须被解释为在生殖质内也发生了相应的损失，是没有道理的。

把存缺观念的字面解释展开来说，把假设的关于性状损失和基因损失之间的联系，说成是其他基因产生的效果，这种损失假设与主张突变起源于基因某种变化的观点相比，仍然没有优势。此外，回原突变的发生（细眼回原情况例外），虽然目前还没有得到充分的证实，但更符合这种观点：基因可能因其组织内的一种变化而发生突变，而这种变化不一定是整个基因的损失。最后，关于多个等位基因的证据，似乎更符合每一个等位基因都是源于同一基因内的一种变化这一观点。

这里所表述的基因论，把野生型基因看成是染色体上长时间相对稳定的特定要素。目前没有证据表明，新基因是通过改变旧基因组织内的变化而产生的，总的来说，基因的总数在很长一段时间内保持不变。但基因的数量可能会因整组染色体的加倍或其他类似的方式而发生变化。这种变化的影响将在后面的章节中讨论。

第七章
相关种类中基因的位置

除了在第五章中讨论过的特殊解释外，德弗里斯的突变理论，还假设“初级”物种是由大量相同的基因组成的，并认为初级物种之间的差异，是由于这些基因的不同组合造成的。最近对同一属物种相互杂交的研究，已经获得了与这一理论有关的证据。

研究这个问题最简单的方法是不同物种之间的杂交，并尽可能通过这种方式确定它们是否由相同数量的同型基因组成，但是这里却遇到了几个困难。

许多物种不能杂交，其中一些可以杂交的物种会产生不孕性杂种。也有少数物种杂交并且产生可孕的杂种。即使这样，又会出现另一个困难，即如何在两个物种中识别出孟德尔式成对的性状，因为用于区分两个物种间的差异都取决于众多的因子。换句话说，很少能找到两个有良好标记的不同物种，其中任何一个差异都是由一个分化基因造成的。在一个或两个物种中，必须依赖于新出现的突变型差异来提供必要的证据。

在植物中有几个案例，在动物中也至少有两个案例，具有突变型的物种同其他物种杂交，可以产生可孕的后代。当这些后代自交或回交时，其结果对不同物种中基因之间的等位关系，提供了唯一关键证据。

伊斯特（East）杂交了 *Nicotiana Langsdorffii* 和 *N.alata* 两个烟草品种（见图 53）。有一株是开白花的突变型，尽管杂交二代里有许多性状变化很大，但这一代仍有 1/4 的植株开白花。因此，一个物种的突变基因，对另一个物种基因的行为与它对自己的正常等位基因的行为是一样的。

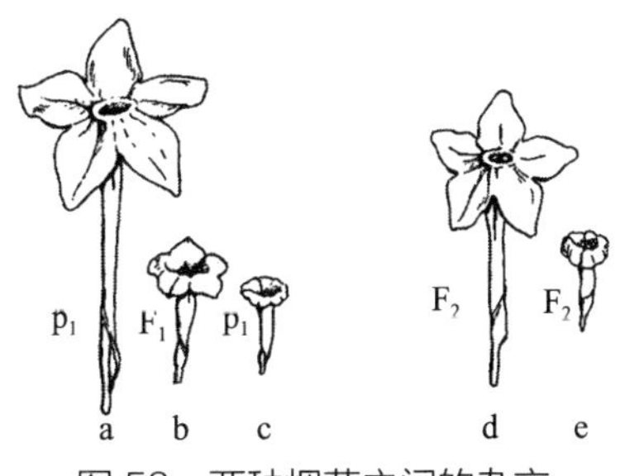

图 53　两种烟草之间的杂交

Nicotiana Langsdorffii 同 *N.alata* 两种烟草间的杂交。a、c 为两种原型花；b 为杂种型花；d、e 为孙代（F_2）中两类回原型花（仿伊斯特）。

科伦斯（Correns）将 *Mirabilis Jalapa* 同 *M.longiflor* 两种紫茉莉进行杂交。选用了 *Jalapa*（*chlorina*）的一个隐性突变体。这种性状在第二代里约有 1/4 的个体重新出现这种性状。

鲍尔（Baur）杂交了 *Antirrhinum majus* 和 *A.molle* 两种金鱼草（见图 54）。他至少用了 *A.majus* 的 5 种突变型，并在第二代里出现了预计数量的各种性状（见图 55、图 56）。

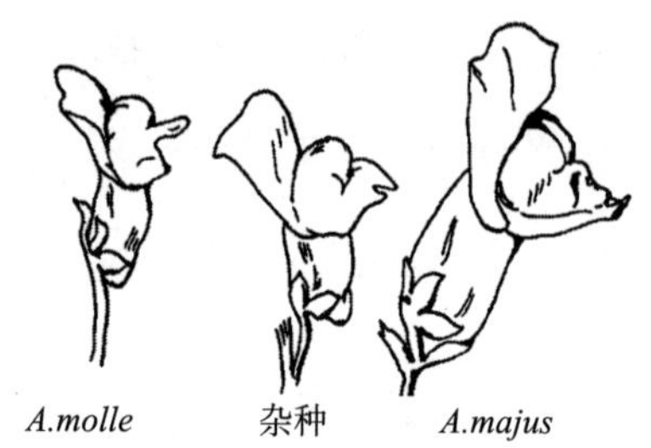

图 54 两种金鱼草及其杂种型（仿鲍尔）

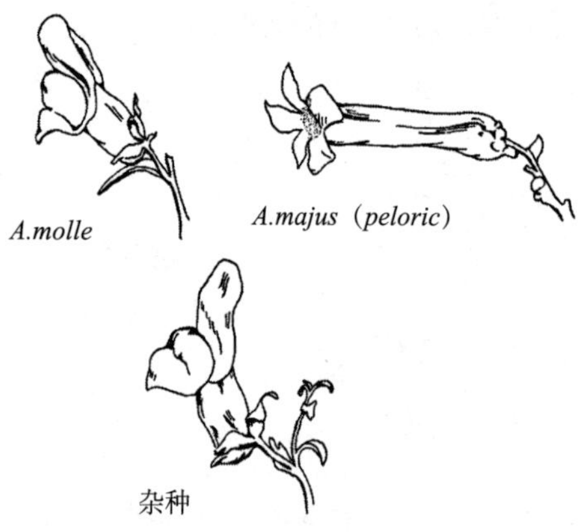

图 55 金鱼草的一种突变型同另一种正常型的杂交

A.molle 的两侧对称花朵同 *A.majus* 的 *peloric* 型杂交后，会产生下边的“野生”型杂种（仿鲍尔）。

图 56 图 55 中的两种金鱼草杂交第二代的花朵类型

德特勒夫森（Detlefsen）将 *Cavia porcellus* 同 *C.rufescens* 两种豚鼠进行杂交。雄性杂种无生殖能力，使雌性杂种同 *C.porcellus* 突变型雄豚鼠交配，得到的突变型性状共 7 种。这些突变性状的遗传与 *C.porcellus* 里的遗传方式相同。这一结果再次表明，这两个物种含有一些相同的基因点，但这些结果并不能表明这两个物种存在相同的突变体，因为还没有研究过具有与 *porcellus* 突变性状相似的突变体。

一个最明显的例子，一个物种的性状对另一个物种的性状所表现的显隐性关系，就像物种内同一对性状的显隐关系，这是由 Lang 在他对 *Helix hortensis* 和 *H.nemoralis* 的两种野生螺的杂交实验中得出的结论（见图 57）。

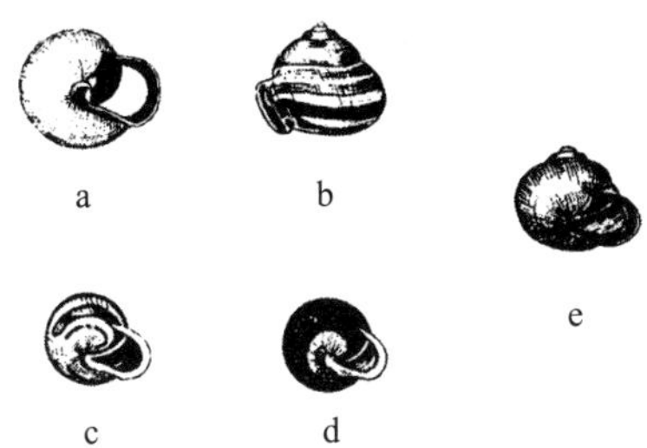

图 57　大蜗牛（*Helix*）两个物种的变种和杂种

a：蜗牛 *Helix nenioralis,* 00000，黄色，*Zuraich* 型；b：同上，00345，带红色 *Aarburger* 型；c：典型的 *H.hortensis,* 12345；d：同上；e：杂种 00000（仿 Lang）。

有两种野生果蝇，它们的外观非常相似，以致被认为是同一物种。一种现在被称为黑腹果蝇（*D.melanogaster*），另一种为拟果蝇（*D.simulans*）（见图 58）。仔细观察会发现它们有许多不同之处。这两个物种很难杂交，产生的杂种完全不孕。

现在已知拟果蝇有 42 种突变型，分属于 3 个连锁群。

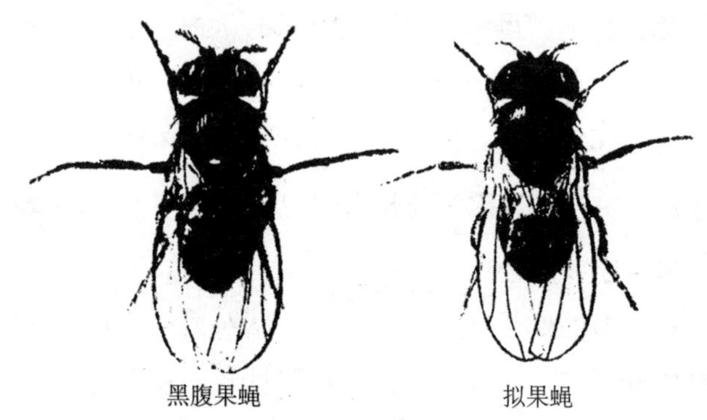

图 58　黑腹果蝇与拟果蝇

左侧是黑腹果蝇，右侧是拟果蝇；两者都是雄蝇。

拟果蝇的隐性突变基因中，有 23 种在杂种体内仍为隐性，黑腹果蝇的 65 种隐性突变基因，在杂种中也为隐性。这意味着，每个物种都含有其他物种的每个隐性基因的标准型基因或野生型基因。

另外，还测试了 16 种显性基因。除了一种以外，其余的基因，在杂种中，与它们在自己物种中产生的效果几乎一样。由此可见，一个物种的 16 种正常基因，对于另一物种的显性突变基因，呈隐性作用。

拟果蝇的突变型同黑腹果蝇进行交配。在检验的 20 个案例中，有两种物种的突变性状是相同的。

这个结果，确定了这两个物种的突变基因的同一性，也使人们能够发现它们是否位于同一个连锁群内，以及是否在各个群内占有同样的相对位置。如图 59 所示，连接的虚线表示了斯特蒂文特到目前为止所研究的相同的突变基因点的相对位置。在第一号染色体上，非常一致。在第二号染色体上，只有两个相同的突变基因点被确定。在第三号染色体上，并不完全一致。也许可以用这样的假设来解释：第三号染色体上有一大段倒置，于是相应的基因点次序也是相反的。

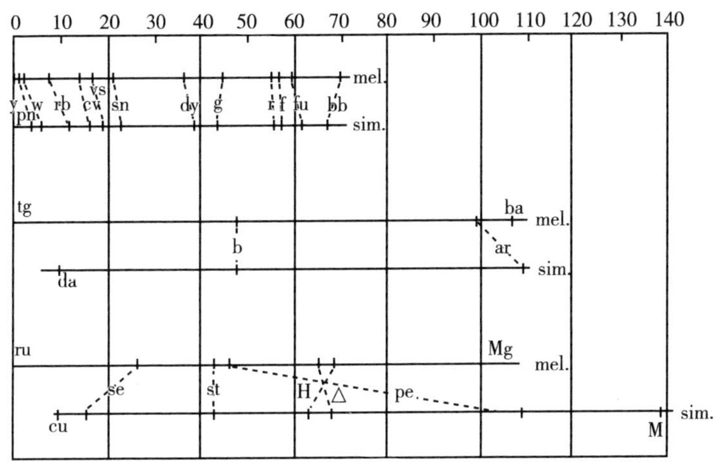

图 59　黑腹果蝇和拟果蝇的同型基因

图上部为黑腹果蝇和拟果蝇第一染色体或 X 染色体上相同突变基因的对应位点；[①]图中间是第二号染色体上相同的基因点；[②]图下部是第三号染色体上相同的基因点（仿 Sturtevant）[③]。

① y= 黄体，pn= 梅子色眼，w= 白眼，rb= 红玉色眼，cv= 缺横脉，vs= 翅膨大、脉屈曲，sn= 焦毛，dy= 微黑莲，g= 石榴石色眼，r= 退化翅，f= 叉毛，fu= 合脉，bb= 短毛。——译者注

② da= 小眼，b= 黑体，ar= 腹扭转，ba= 气球状翅。——译者注

③ ru= 粗糙状眼，cu= 卷翅，se= 乌贼色眼，st= 猩红色眼，H= 无毛，△ = 三角形脉，Mg= 小刚毛，mel.= 黑腹果蝇，sim.= 拟果蝇。——译者注

斯特蒂文特的这些研究结果很重要，而且有利于以下观点：不同物种的相似的突变基因，在连锁系内占据相同的相对位置，就是相同的突变基因，除非它们通过黑腹果蝇同拟果蝇那样的杂交检验，否则，对于它们的同一性，始终存在一些疑问，因为相似而不相同的突变型是存在的，并且它们有时在同一连锁群中还相距很近。①

另有两种果蝇的研究已经达到这样的程度，对两者进行对比观察的发现也是非常有趣的。在 *virilis* 果蝇中，梅茨和温斯坦（Weinstein）已经确定了几个突变基因的位置，梅茨还将基因系的次序与黑腹果蝇的次序进行了比较，如图 60 所示。在 *virilis* 种的性染色体上，有 5 个明显相似的突变基因，它们与黑腹果蝇的突变基因的次序相同，即黄体（y）、缺横翅（c）、焦毛（si）、细翅（m）和叉毛（f）。

另一种果蝇（*Drosophila obscura*）的性染色体的长度，是黑腹果蝇性染色体的 2 倍（见图 61）。位于这个较长染色体中间的 4 种性状突变型基因，即黄体、白眼、盾片、缺刻，与位于黑腹果蝇和拟果蝇较短的性染色体末端的相同突变性状相同，这一点可能很重要。Lancefield 仍在仔细研究对这种关系的解释。

由于上述的结果和其他论证，使我们在单凭染色体群方面的观察来得出系统发生的结论时，要更为谨慎。因为从果蝇方面的证据来看，亲缘极近的物种，在同一染色体上的基因以不同的次

① 因为每个基因的效应不止一个，所以这些实验能够鉴别出不同的基因。

序排列，类似的染色体群有时可能包含不同的基因组合。既然重要的是基因，而不是染色体本身，所以对遗传结构的最终分析，一定是由遗传学决定，而不是由细胞学决定。

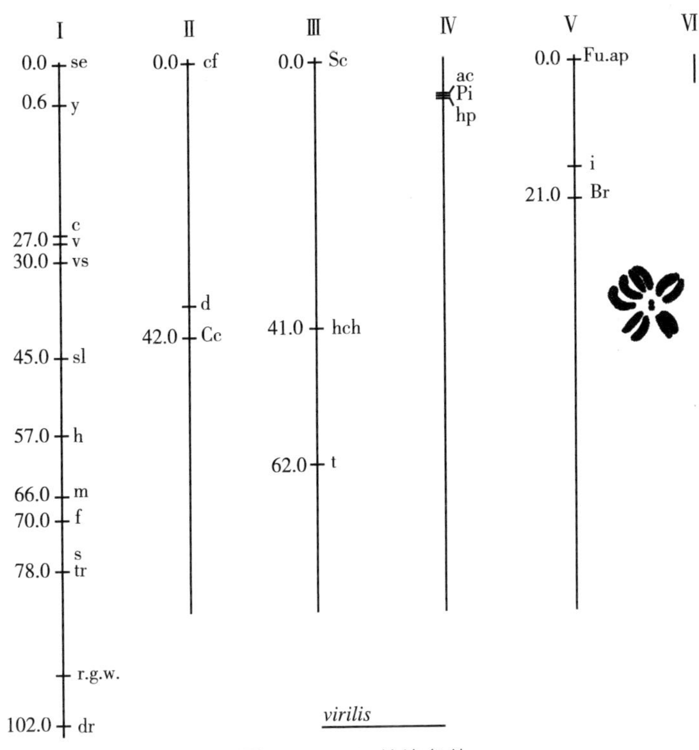

图 60　*virilis* 的染色体

果蝇 6 条染色体上突变基因的定位（仿梅茨和温斯坦）。

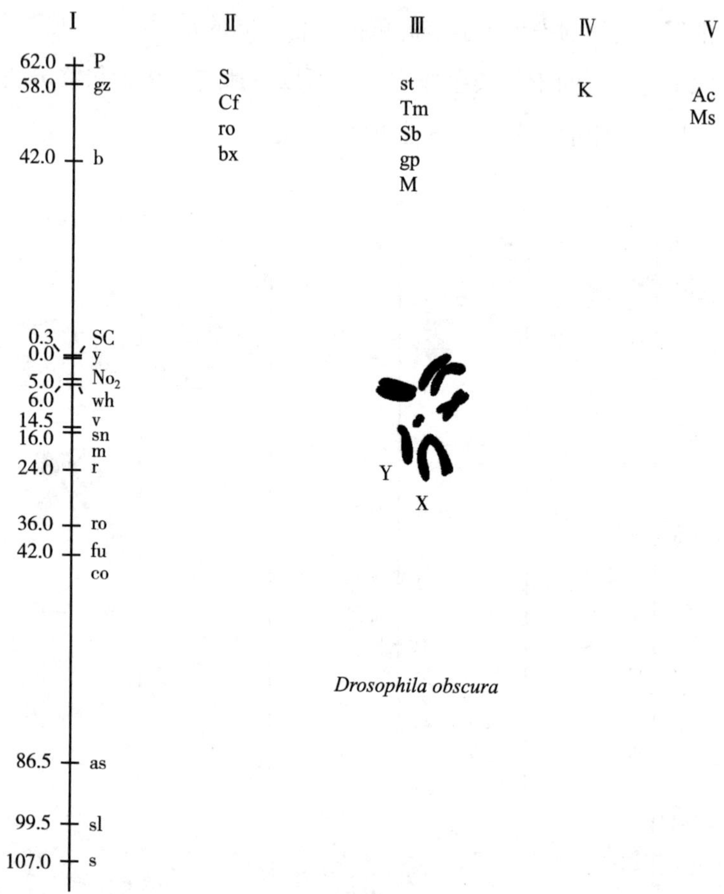

图 61　*Drosophila obscura* 的染色体突变基因

Drosophila obscura 染色体上突变基因的定位。与黑腹果蝇对应位点相符合的是：sc= 盾片，y= 黄体，No_2= 缺横翅，wh= 白眼（仿 Lancefield）。

第八章 四倍体

现在，已经计算过染色体数目的动物有 1000 多种，在植物中可能也有同样或更多的种类。在两三个物种中，只有一对染色体存在。另一种极端情况是，有的物种的染色体超过 100 多条。无论染色体数目多少，每个物种的染色体数目都是恒定的。

染色体分布的不规则现象，确实偶尔会发生。通常，这些不规则现象大多会以某种方式自行矫正。同样，也有一两种染色体数目稍有变化的情况，例如，在 Metapodius 中，可能存在一条或多条额外的小染色体，有时是几条 Y 染色体，有时是另一条称为 m 的染色体（见图 62）。正如威尔逊（Wilson）所指明的，这些染色体既然没有在个体的性状上引起相应的变异，那么，这些染色体也许可以被看作是无关轻重的物种。

此外，众所周知，几条染色体可以彼此连接，减少一条或多条染色体，基因的整体性仍然保留，这也适用于染色体可能断裂

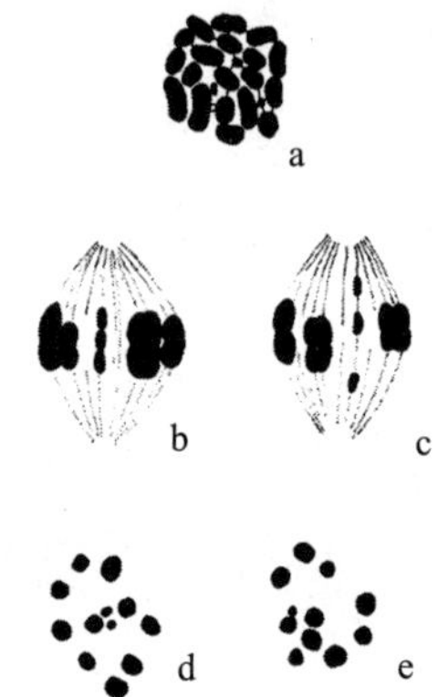

图 62 *Metapodius* 的染色体（包括 3 条 m 染色体）及其减数分裂

a：精原细胞的染色体群，有 3 条 m 染色体；b、c：精母细胞的侧视图；d、e：3 条 m 染色体的接合，两条趋入一极，一条趋入另一极（c 的末期赤道板）（仿威尔逊）。

的情况，在一段时间内至少增加一个数量。① 最后，在一些物种中，雌性比雄性多一条染色体，而在另一些物种中，雌性比雄性多一条染色体。

所有这些情况，都经过了深入的研究，而且是每一位细胞学者所熟悉的。

一般来说，每一物种的染色体数目是恒定不变的，是每个物

① 汉斯描述了待霄草的染色体偶尔断裂成片的情况。在飞蛾（Phragmatobia）和其他蛾类中，塞勒（Seiler）描述了几个案例，其中某些染色体是接合在一起的。卵子和精子中的染色体，在胚胎细胞内却彼此分开。在蜂类中，每条染色体在所有体细胞内分裂成两段。在蝇类和其他动物的一些体细胞内，染色体可以在细胞不分裂的情况下进行分裂，并以这种方式变成双倍或四倍。

种的性状。[①]

我们也知道，在某些组织里，由于染色体分裂时细胞未能分裂，或者是由于染色体分裂成一定数目的部分，染色体的数目可能会增加到二倍或四倍的数目。这些是特殊情况，不足以影响一般情况。

近年来，越来越多的案例出现，一些突然出现的个体，其染色体数目是该物种特有染色体数目的二倍。这就是四倍体，或四倍型。还发现了许多其他多倍型，有些是自发产生的，有些是由四倍体发育的。我们把这些统称为多倍体，其中以四倍体在许多方面最引人注目。

在动物中，关于四倍体的情况，只有三个例子。马的寄生线虫，即马蛔虫，有两型，一型有两条染色体，另一型有四条染色体。这两型彼此相似，甚至细胞的大小也相似。马蛔虫的染色体被认为是复合体，是由许多较小的染色体（有时称为染色粒）联合组成的。在应该成为体细胞的胚胎细胞内，各染色体都分解成其组成部分（见图 63a、b、d），这些染色体的数目是恒定的，或接近一个常数，而二价型成分的数目大约是单价型成分的二倍。这支持了这样的观点：二价型的染色体数目是单价型的二倍，而不是说二价型是通过单价型染色体分裂而产生的。

① 近年来，Della Valle 和 Hovasse 否认染色体数目在不同的体细胞内是恒定的。其结论是基于对两栖动物体细胞的研究，这些细胞有大量难以准确识别的染色体，但它们的结果并不足以推翻对其他生物方面（甚至对一些两栖动物）绝大多数的观察，在这些生物里，细胞的染色体数目是可以准确确定的。

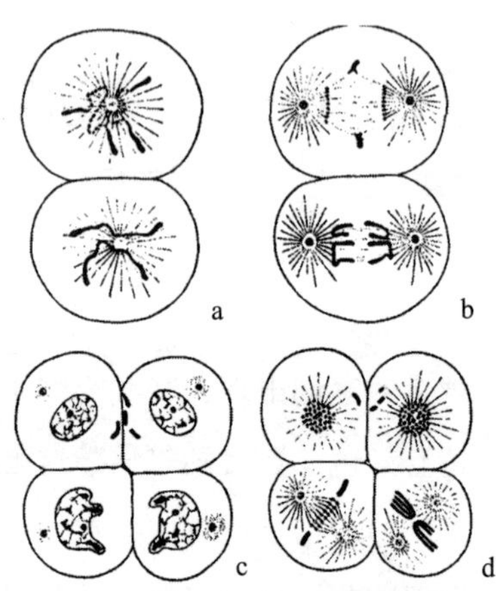

图 63 蛔虫卵最初的两次分裂

单价型蛔虫（*Asearis univalens*）卵子的第一次和第二次分裂，有两条染色体。在 a 和 b 中，显示了其中一个细胞内两条染色体的断裂情况。

根据 Artom 的报道，海虾 *Artemia salina* 有两族的四倍体，一族有 48 条染色体，[①] 另一族有 84 条染色体（见图 64）。后者通过单性繁殖法进行繁殖。

不难想象，这种情况下，四倍体起源于一个单性繁殖的品种，因为如果一个卵细胞保留了它的一个极体，而使其染色体的数量增加，或者由于染色体在胞核的第一次成熟分裂时未能分离出来，以致数目增加一倍，那么，这种双倍状态是可能继续存在的。

植物中最早出现的四倍体，有一种是由德弗里斯发现的，被命名为巨型待霄草（*gigas*，参考图 42）。起初并不知道这个巨型是四倍体，但德弗里斯看到它比杂种（拉马克待霄草）的植株更

① 原文为 42，译文中已予修正。——译者注

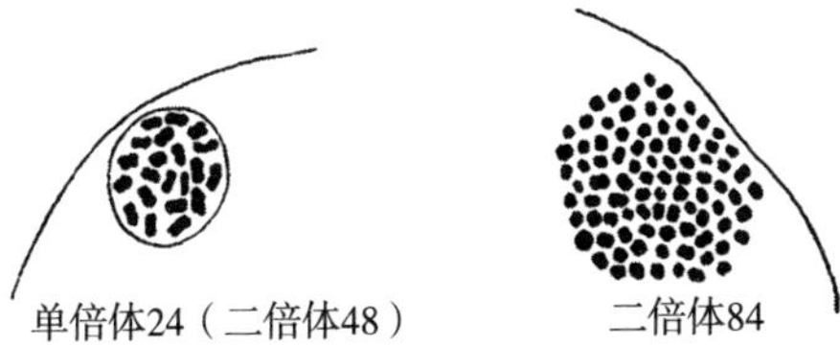

图 64　*Artemia salina* 二倍体和四倍体的分裂中期染色体群（仿 Artom）

粗壮，而且在许多其他细微的性状特征上也有所不同。巨型的染色体数目后来才弄清楚。

拉马克待霄草有 14 条染色体（单倍数 7）。巨型待霄草有 28 条染色体（单倍数 14）。上述两种植物的染色体群，如图 65 所示。

图 65　待霄草的二倍染色体群

a：拉马克待霄草的 14 条二倍染色体；b：巨型待霄草的 28 条二倍染色体。

盖茨（Gates）已经对各种组织的细胞进行了测量。巨型药囊的表皮细胞的体积几乎是普通型的四倍，柱头的表皮细胞为三倍，花瓣表皮细胞为 2 倍，花粉母细胞大约是普通型的 1.5 倍，花粉母细胞的胞核的体积是普通型的 2 倍。两型的细胞在外形上有时也有明显的不同。大多数待霄草都有三叶的盘状花粉，而有些巨型待霄草的花粉是四叶状。

盖茨、戴维斯（Davis）、克利兰（Cleland）和波迪恩（Boedijn）研究了花粉母细胞的成熟过程。盖茨认为，拉马克待霄草的巨型通常有 14 对二价染色体（gemini）。在第一次成熟分裂时，每条二价染色体的两半分别进入一个子细胞。在第二次成熟分裂时，每一条染色体纵向裂开分为两条，于是，每个花粉粒各得 14 条染色体。据推测，类似的过程可能也发生在胚珠的成熟分裂中。戴维斯描述了当拉马克待霄草的染色体的联合混乱状态出现时，染色体不规则地互相联合，并不是严格地平行联合。随后，染色体分别趋入一极，完成了减数分裂。克利兰最近描述了另一种二倍型待霄草 *franciscana* 的染色体，它们在进入成熟纺锤体时，相互间端对端相连（见图 66）。在戴维斯早期发表的图中，也在一定程度上表明了端到端联合的情况。

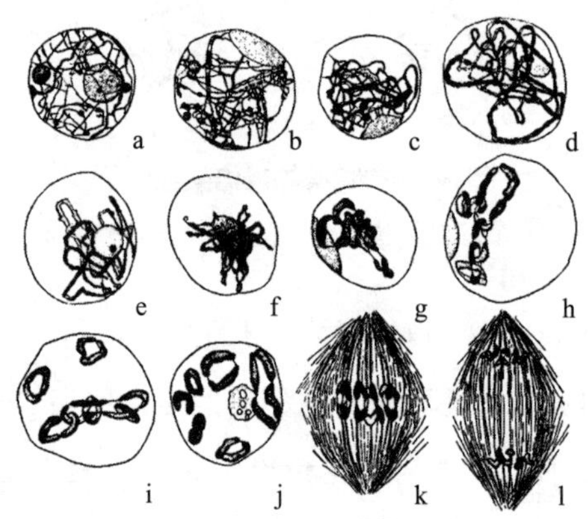

图 66　待霄草 *franciscana* 花粉母细胞的成熟过程（仿克利兰）

近年来，在其他雌雄同株的开花植物中，也发现了四倍体。很明显，相较于雌雄异株的物种，雌雄同株的物种有更多的四倍体，因为雌雄同株的卵子和花粉是在同一植物上产生的。

因此，如果植株一开始是四倍体，那么，它会产生具有二倍数目的染色体的卵细胞和花粉细胞。经过自体受精，将再次产生四倍体。在雌雄异株的动物或植物中，一个个体的卵子必须同另一个个体的精子受精。如果出现一个四倍体的雌性，其成熟卵子具有二倍数目的染色体，通常会同正常雄体的单倍型精子受精，结果只能产生三倍体。要从三倍体再次恢复到四倍体的机会是很小的。

从谱系培养中出现的四倍体，比偶然发现的四倍体提供了更准确的起源信息。事实上，还有其他记录表明，在人工控制的条件下出现了四倍体。格雷戈里（Gregory）发现了两种巨型报春花，其中一种出现在两株二倍体植株的杂交里。由于亲株含有已知的遗传因子，格雷戈里能够研究四倍体中的各种性状的遗传过程。根据他的研究结果，仍然无法确定四条同类染色体中，某一染色体究竟是与特定的一对联合，还是与其中任何一条染色体联合。穆勒（Muller）分析了同一数据，表明后者可能性更大。

温克勒（Winkler）通过嫁接得到了一株巨型龙葵（*Solanum nigrum*）和巨型番茄（*Solanum lycopersicum*），就目前所知，嫁接本身与四倍体的产生没有直接关系。

龙葵四倍体由以下述方式获得：将一段番茄幼株嫁接到龙葵的幼茎上，然后从该植株上移去腋芽。十天后，沿嫁接平面横切（见图 67）。从暴露的切伤表面的组织里长出了一些不定芽。其中一株是嵌合体，也就是植株的一部分组织是龙葵，一部分组织是番茄。把嵌合体取下并进行繁殖，新植物的一些腋芽中，有些由番茄表皮和龙葵中心柱组成。然后，把这些枝条取下，另行种植。这些幼小植株与其他已知是二倍体的嵌合体不同，这使人怀疑这种新类型可能有一个四倍体的中心柱，这一点已通过检验得到了证实。切下这些嵌合体的顶梢，并且摘除下半部的腋芽。从愈伤组织的不定芽里，得到全身都是四倍型的幼株。如图 68 所示，右侧为巨型龙葵，左侧为普通型（二倍体）或亲型。图 69 中，右上是巨型的花和亲型的花；左上方是巨型苗木和亲型的苗木。

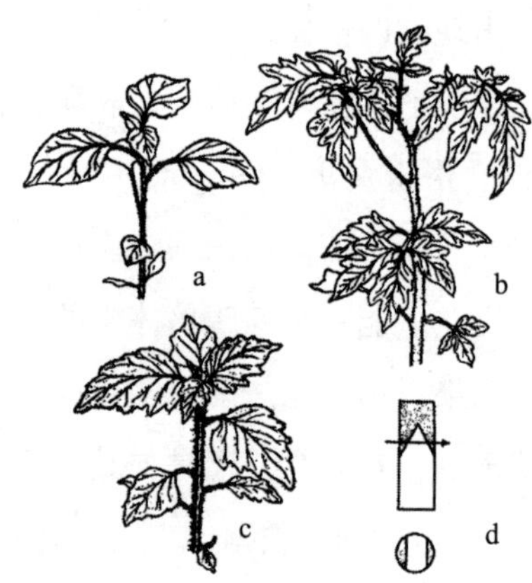

图 67　番茄和龙葵的嫁接及其杂种

a：龙葵的幼株；b：番茄的幼株；c：*Solanum tubingense* 的嫁接杂种；d：嫁接方法。

图 68　龙葵的二倍体和四倍体

左侧是正常的二倍体龙葵亲株，右侧是四倍体（仿温克勒）。

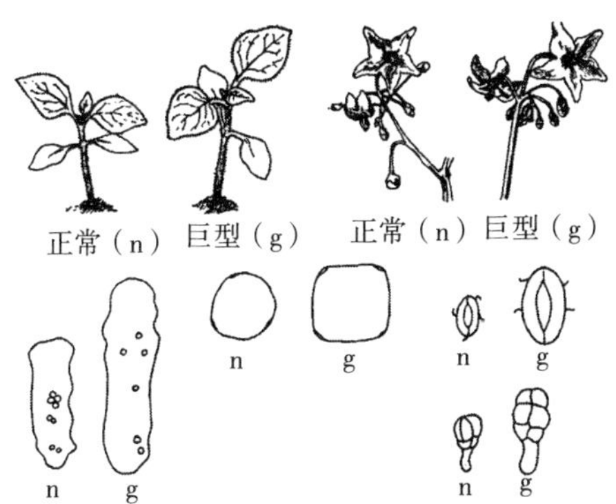

图 69 龙葵的二倍体和四倍体：苗木、花和细胞

图上部为龙葵的二倍体和四倍体的幼株和花朵，上左为幼株，上右为花朵。图下部为它们的组织，下左为栅状细胞，中间为花粉粒。右下，上为气孔，下为毛（仿温克勒）。

图 69 下半部显示了若干组织细胞的差异。左下侧为巨型叶和亲型叶的栅状细胞；右上侧为巨型气孔的保护细胞和亲型的保护细胞；右下侧为巨型毛和亲型毛；巨型的髓细胞也比普通型的髓细胞大。图下半部分的中间为花粉粒，巨型的花粉粒也比普通型的花粉粒要大。

四倍体的番茄植株获得方法如下：用常用的方法将番茄幼株嫁接到一株龙葵的植株上（见图 67）。待其完全联合后，沿嫁接平面横切，并将腋芽从植株上移走。愈伤组织里长出了幼芽，移植这些幼芽。其中一个表皮由龙葵细胞组成，中心柱由番茄细胞组成。进一步查验发现，表皮细胞是二倍体，中心柱细胞是四倍体。为了从这种嵌合体获得全身都是四倍体的植株，于是沿嫁接平面横切，并摘除切面以下的腋芽。在切面上长出了一些不定芽，芽体中大部分由番茄组织组成。巨型番茄植株与亲型的区别，就像巨型龙葵与亲型的区别一样。

二倍体的龙葵含 24 条染色体，其单倍数为 12；四倍体含 48 条染色体，其单倍数为 24。二倍体番茄有 72 条染色体，单倍数为 36；四倍体番茄有 144 条染色体，单倍数为 72。正常龙葵和正常番茄各型染色体，分别如图 70、图 71 所示。

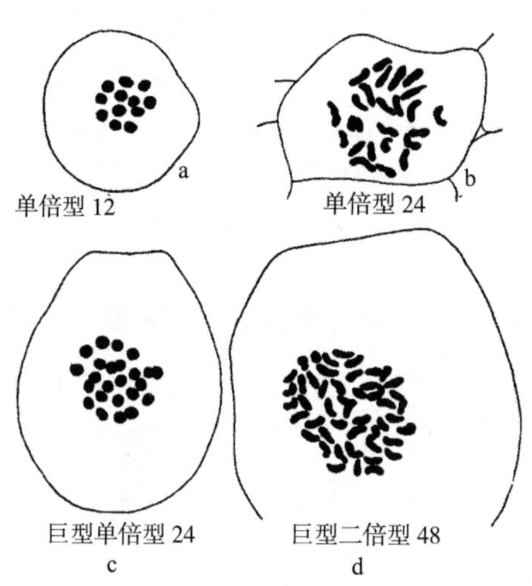

图 70　正常龙葵和四倍体龙葵的单倍型细胞和二倍型细胞

a：龙葵的单倍型细胞及染色体；b：龙葵的二倍型细胞及染色体；c：四倍体龙葵的单倍型细胞及染色体；d：四倍体龙葵的二倍型细胞及染色体（仿温克勒）。

正如前面提到的，就目前所知，嫁接和愈伤组织内产生四倍型细胞有什么明显的关系。这些细胞是如何产生的，尚不确定。有可能是愈伤组织内的两个细胞融合了，但似乎更有可能的是，四倍体是通过抑制一个正在分裂的细胞的胞质分裂而产

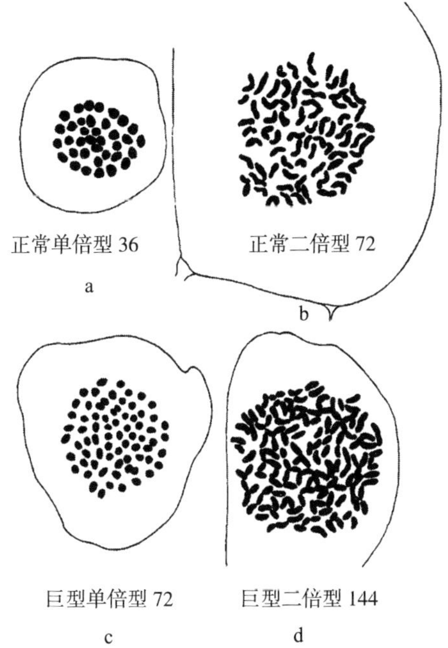

图 71　正常番茄和四倍体番茄的单倍型细胞和二倍型细胞

a：番茄的单倍型细胞及染色体；b：番茄的二倍型细胞及染色体；c：四倍体番茄的单倍型细胞及染色体；d：四倍体番茄的二倍型细胞及染色体（仿温克勒）。

生的，于是其染色体数目加倍，产生了四倍体。这样的四倍型细胞可能形成整个植株或只有中心柱部分，或幼小植株的任何其他部分。

布莱克斯利（Blakeslee）、贝林（Belling）和法纳姆（Farnham）发现了一种常见曼陀罗（*Datura stramonium*）四倍体（见图 72）。在外观上，有几个方面与二倍型不同。二倍体（第二行）和四倍体（第四行）的蒴果、花和雄蕊方面的区别，如图 73 所示。

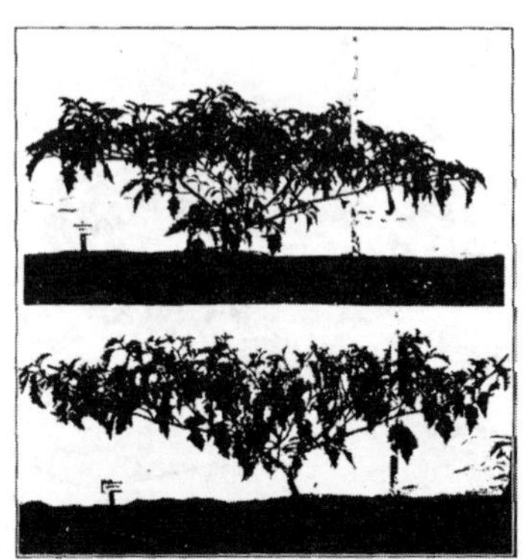

图 72　曼陀罗的二倍体和四倍体

上半部是曼陀罗的二倍体植株，下半部是四倍体植株（仿布莱克斯利）。

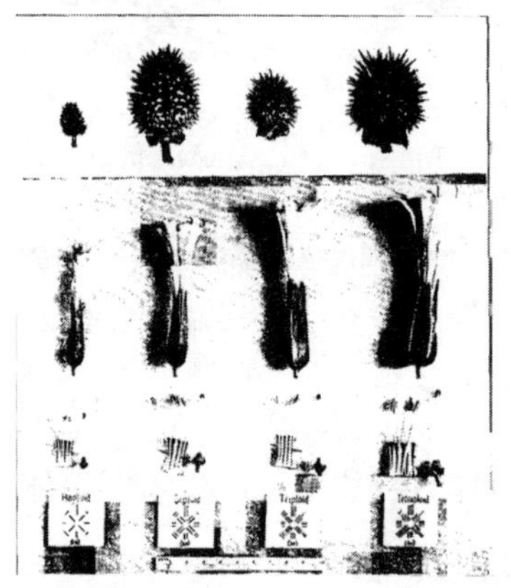

图 73　曼陀罗的单倍体、二倍体、三倍体和四倍体巨型的蒴果、花和雄蕊（仿布莱克斯利，载于《遗传学》杂志）

二倍体植株有 12 对染色体（24 条），根据贝林和布莱克斯利的说法，这些染色体可以按照大小分成六型（见图 74）：大号（L 和 l）、中号（M 和 m）和小号（S 和 s），或 2（L+4l+3M+2m+S+s）。单倍染色体群的方程式为 L+4l+3M+2m+S+s。这些染色体在即将进入第一次成熟分裂（前期）时，形成成对的环状结构，或者在一端相连接（见图 75，第二列）。然后，每对染色体中的一条结合体走到一极，另一条则趋向于另一极。到第二次成熟分裂之前，每条染色体中缢，从而产生图 74a 所示的外形。① 中缢后的一半染色体进入纺锤体的一极，另一半进入另一极。每个子细胞各得 12 条染色体。

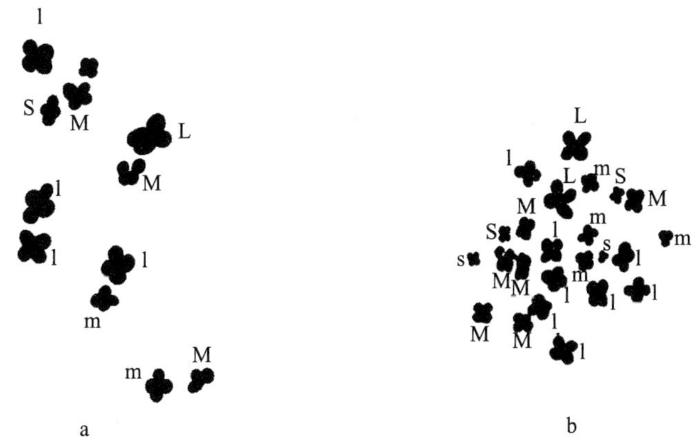

图 74　曼陀罗的二倍染色体群和四倍体染色体群

a：曼陀罗二倍染色体群的第二次成熟分裂中期，有 12 条染色体（每条都是中缢的）；b：曼陀罗四倍体的相应染色体群，有 24 条染色体（仿贝林和布莱克斯利）。

四倍体有 24 对或 48 条染色体。在它们进入第一次成熟分裂纺锤体之前，它们每四条集合在一起（见图 75、图 76）。两幅图中可以看到染色体在四价群内染色体联合的不同方式。染色体大

---

① 原文为图 74b，但根据作者的叙述，应该是图 74a，译文中已予修正。——译者注

致以这种状态进入第一次成熟纺锤体。在第一次成熟分裂时，每个四价染色体的两条进入一极，另两条进入另一极（见图 75）。每个花粉粒有 24 条染色体。不过，偶尔也可能有三条染色体进入一极，另一条趋入另一极的情况。

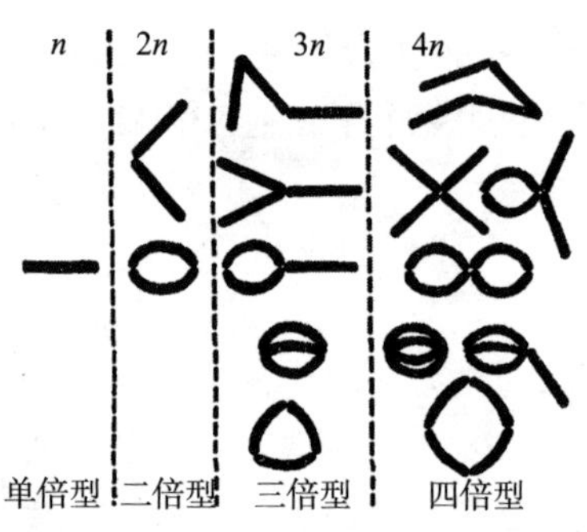

图 75　曼陀罗二倍体、三倍体和四倍体各型染色体的接合方法（仿贝林和布莱克斯利）

图 75 显示了第二次成熟分裂时，四倍体的 24 条染色体，这些染色体与同一时期的二倍染色体相似。每条染色体的一半趋入一极，另一半趋入另一极。据贝林记录，有规律分布的占 68%，即每极各得 24 条染色体（24+24）；一极有 23 条，另一极有 25 条（23+25）的情况占 30%；一极有 22 条，另一极有 26 条的情况占 2%；一极有 21 条，另一极有 27 条的只有一个案例。以上结果表明，不规则性的分布在四倍体的曼陀罗中并不罕见（见图 76）。可以通过让一个四倍体自交受精来进一步检验。让这样的子代生长至成熟，并计算其生殖细胞内的染色体数量。其中，有 55 株植物各含 48 条染色体；5 株各含 49 条；一株含 47 条；另一株含 48

条。如果染色体在卵细胞内的分布与花粉细胞内的分布相同，那么可以看出：具有 24 条染色体的生殖细胞，是最有可能生存和发挥作用的。其中一些含有超过 48 条染色体的植株，由于增加了额外的染色体，可能会产生染色体分布更加不规则的新型。

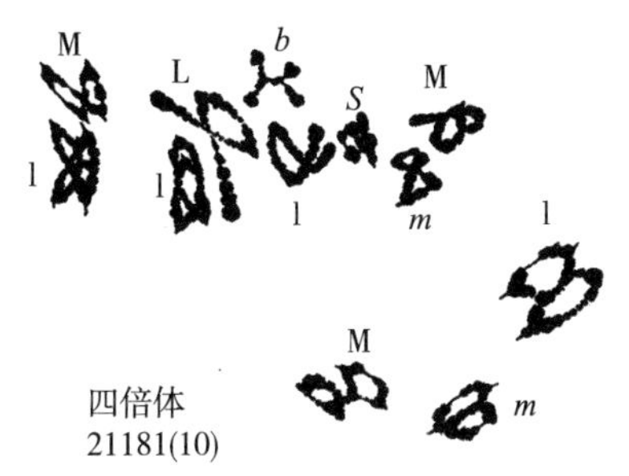

图 76 曼陀罗四倍体的染色体互相接合

四条相同的染色体联合组成一个群（仿贝林和布莱克斯利）。

德·莫尔（De Mol）已经发现了一个四倍体水仙（*Narcissus*）。其二倍体物种有 14 条染色体（7 对），而另两个栽培品种有 28 条染色体。德·莫尔指出，直到 1885 年，栽培的主要品种是矮小的二倍体变种，后来才出现了较大的三倍体，在 1899 年前后才获得了第一株四倍体。

据朗利（Longley）报道，墨西哥的多年生大刍草（*teosinte*）的染色体数目是一年生大刍草的两倍。多年生型，有 40 条染色体（n=20），如图 77a 所示，一年生型有 20 条染色体（n=10），如图 77c 所示。朗利将这两个品种同玉蜀黍杂交，玉蜀黍有 20 条染色体（n=10），如图 77b 所示。一年生的大刍草和玉蜀黍的杂种有 20 条染色体。在花粉母细胞的成熟期，有 10 条二价染色体，这些二价体分裂后分别趋入两极，没有任何停滞的染色体。这意味着，来自大刍草的 10 条染色体与来自玉蜀黍的 10 条染色体互相接合。多年生大刍草同玉蜀黍杂交时，杂种有 30 条染色体。在杂种的花粉母细胞成熟时，其染色体是互相结合的，有些是 3 条一起，有些是两条一起，其余的独立无偶（见图 77a、b）。这就导致了后来的不规则分裂（见图 77ab^1）。

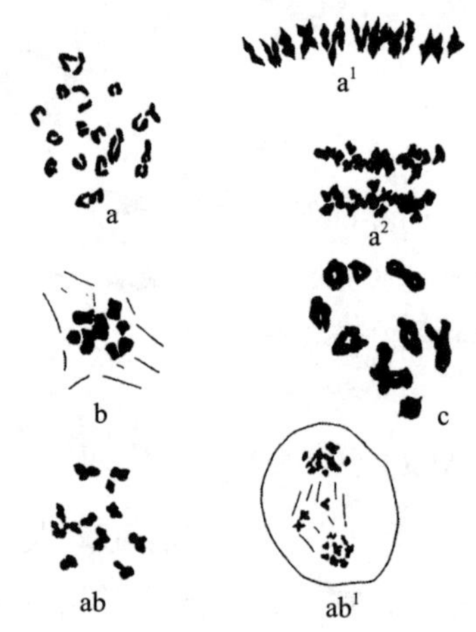

图 77　一年生和多年生墨西哥大刍草玉蜀黍以及杂种的染色体群

a：多年生墨西哥大刍草第一次成熟分裂前期，有 19 条二价染色体和两条单染色体；a^1：最后一条染色体的中期；a^2：第一次成熟分裂后期；b：玉蜀黍第一次成熟分裂前期，有 10 条二价染色体；c：墨西哥大刍草第一次成熟分裂前期，有 10 条染色体；ab：多年生大刍草同玉蜀黍杂交的一代杂种，第一次成熟分裂前期，有 3 条三价染色体、8 条二价染色体和 5 条单染色体；ab^1：同上，第一次成熟分裂期的晚期（仿朗利）。

在雌雄同株的植物中，如果性别判定问题不涉及分化性别的性染色体，那么它的四倍体是平衡和稳定的。所谓平衡，是指基因的数量关系与二倍体或普通型基因的数字关系相同。所谓稳定，是指该型一旦建立，就会自我继续延续下去的成熟机制。[①]

早在1907年，西利（Silie）和埃米尔·马切尔（Emile Marchal）就已经通过人工手段产生了四倍体藓类（*Tetrapioids*）。每株藓都有两个世代，一个是产生卵子和精子的单倍型原丝体世代（配子体），一个是产生无性孢子的二倍体世代（孢子体），如图78所示。

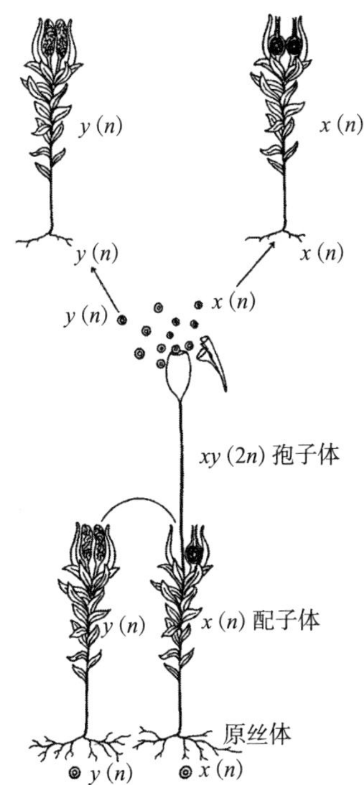

图78　雌雄同株藓类的配子体世代和孢子体世代

① 布莱克斯利对这些术语有不同的解释。

在潮湿的条件下，孢子体的一段会产生细胞为二倍体的细丝。这些细丝发育成为真正的原丝体，后者会产生二倍型卵子和二倍型精细胞。通过这两种生殖细胞联合，形成四倍型孢子体植物，如图 79 所示。在这里，正常的单倍型已经被二倍型原丝体和苔藓植物重复一次，而二倍型孢子体又被四倍型孢子体重复一次。

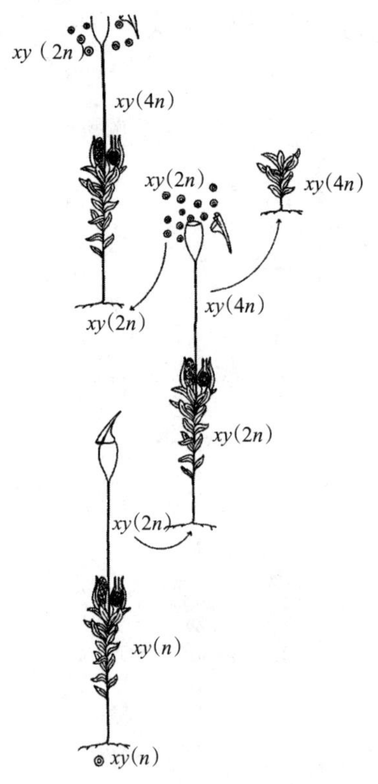

图 79　藓类 2*n* 与 4*n* 配子体的形成过程

正常雌雄异株的藓类，2*n* 孢子体再生，形成二倍型的原丝体（2*n*），2*n* 配子体通过自交，产生四倍体或 4*n* 孢子体，四倍体再生，产生了四倍型配子体（仿温克勒）。

马切尔夫妇（Marchals）对普通型的细胞和四倍体细胞的大小进行了比较测量。在 3 个物种中，正常花被细胞与四倍体的体积有三种比例，分别为 1∶2.3、1∶1.8 和 1∶2。两型的精子器细胞体积比为 1∶1.8，胞核的体积比为 1∶2。对两型的精子器细胞（内藏精子）和颈卵器（内藏卵子）的测量表明，在所有情况下，四倍型比正常型更长、更宽。很明显，四倍型的尺寸增加是由于有了较大的细胞，而这些细胞又因为有了较大的胞核，另有其他证据显示，四倍型的染色体数目是正常型的两倍。当然，四倍体是从正常孢子体中再生出来的，这是在意料之中的。

在孢子体世代中，$2n$ 孢子母细胞同 $4n$ 孢子母细胞之间的体积之比，大约是 1∶2。

藓类的两次成熟分裂，即染色体接合后的两次成熟分裂，发生在孢子体形成的时候，每个孢子母细胞产生 4 个孢子。如果藓类的染色体上带有基因，那么，四倍体所有的加倍的染色体，将会产生不同于正常型的比率。尽管韦特斯坦（Wettstein）在藓类的几个物种杂交中发现了遗传的明确证据，艾伦（Allen）在亲缘相近的几群藓类中也得到了关于配子体两种性状的遗传学证据，但是这方面的研究仍然很少。

在雌雄异体的藓类和某些苔类植物中，马切尔夫妇、艾伦、施密特（Schmidt）和韦特斯坦已经分别证明，决定性别的元素在孢子形成时就已经分离出来。关于这些观察和实验将在关于性别的章节中讨论。

有许多涉及四倍体的细胞大小的重要问题，是胚胎学上的问题，而不是遗传学的。一般来说，四倍体细胞较大，往往大到两倍，不过组织不同，细胞大小也有很大差异。

四倍体整个植株的大小以及其他一些特性，显然是由细胞增加造成的。如果这种解释是正确的，就意味着这些特性属于发育范畴，而不是遗传。已经讨论了一些四倍体的产生方式，以上关于四倍体细胞内如何增加胞质数量的方法，尚需进一步研究。

假设一个物种的两个细胞彼此融合，并且它们的胞核也迟早联合，就可能产生一个四倍型细胞。假设四倍型细胞在生长期内，继续维持其两倍大的体积，预计会得出一个体积是正常大小两倍的卵子。大型胚胎的细胞数目将与正常胚胎所含的数目相同。

然而，还有一种可能性：四倍型生殖细胞的体积可能无法在二倍型母株的生殖细胞内增加到两倍大小。这时的卵子不会比正常的卵子大，但却带有两倍数量的染色体。这个卵子发育而成的胚胎，在达到能够从外部获得食物的胚后期或幼虫期以前，可能无法获得足够的营养来增加其细胞的体积。至于在这样的晚期，每个细胞内的双组染色体是否会扩大该细胞的胞质，还是不确定的。然而，下一代的卵子从一开始就在一个四倍染色体中发育，在这种情况下，卵子在分裂前增长到两倍大小的体积，也是可能的。

如果染色体数目加倍发生在受精后的成熟卵子中，胞质的数量会立即增加，这也许就不是所期待的了。动物的胚胎在开始形成器官之前，要经过多次的细胞分裂。如果胚胎开始就是一个体积正常而染色体加倍的卵子，如果染色体的双倍数目使其分裂期比正常卵子更早结束，从而开始了器官形成，那么，这样的四倍体的胚胎将有正常胚胎两倍大小的细胞，但细胞数目却只有一半。

在显花植物里，如果胚胎囊内有充足的空间和食物供应，就会为卵子发生大量的胞质提供更有利的条件。

四倍型是增加物种基因数目的一种手段

从进化的角度来看，与四倍体有关的最有趣的问题之一，是四倍体似乎为增加新基因数目提供了机会。如果通过染色体数目的加倍而产生稳定的新型，并且在加倍之后，4 条相似的染色体在一段时间内发生了不同的变化，使两条变得更加相似，另外两条也彼此更相类似，在这种情况下，四倍体将在遗传学方面类似于二倍体，只是许多基因保持不变。每组的 4 条染色体上，会有许多相似的基因，如果某一个体只有一对基因是杂合的，则孙代的孟德尔式比率将是 15∶1，而不是 3∶1。事实上，已经发现了这种比率（小麦、荠），但四倍性是否是造成这种结果的原因，还是有其他方式使染色体加倍，还有待进一步研究。

总的来说，在我们对新基因产生的方式有更多了解之前（如果现在还在发生的话），用四倍性来说明基因数目的变化是存在问题的。诚然，在雌雄同株的植物中，[①] 新型可能以这种方式产

① 原文为雌雄异株，译文中已予修正。——译者注

生，但在雌雄异体的动物里，除了单性繁殖的物种外，是不可能通过这样的方式产生四倍型的，因为正如上面所指出的，当四倍体同普通二倍型个体杂交时，四倍型就会失去，而且以后也很难再恢复。

第九章 三倍体

在最近的著作中也有了许多三倍体的记录，其中一些是由已知的二倍体产生的，一些是在栽培植物中发现的，还有一些是在野生状态下发现的。

盖茨和安妮·卢茨（Anne Lutz）描述了待霄草（半－巨型）的三倍体植株，有 21 条染色体。此后，德弗里斯、范·奥弗里姆（Van Overeem）等其他学者也描述过待霄草的三倍体。据说，它们也是由二倍型生殖细胞与一个单倍型生殖细胞结合产生的。

盖茨和吉尔茨（Geerts）以及范·奥弗里姆分别研究了三倍体的染色体在成熟期内的分布情况。他们发现，虽然在一些情况下，染色体在减数分裂时的分布相当有规律，但在另一些情况下，一些染色体却丢失和退化了。卢茨女士发现，三倍体产生的后代种类事实上有很大的差异。据盖茨记录，在一个 21 条染色体的植株中，第一次成熟分裂产生的两个细胞“几乎无一例外的”是 10 条对 11 条染色体，偶尔才有 9 条对 12 条。吉尔茨描述了更多的情况，他谈到有 7 条染色体经常有规律地趋入每一极，而其余未配对的7条染色体则不规则地分布在两极。这种说法很符合7条与7条接合，剩下的7条无配偶的观点。范·奥弗里姆说，在待霄草里，当三倍体作为母株时，结果显示大多数胚珠是有作用的，不管无配偶的染色体分布情况如何，换句话说，细胞虽有各种各样的染色体组合，但所有或大部分卵子都能存活并可以受精。其结果就是出现了具有许多不同的染色体组合形式。另一方面，如果用一个三倍型待霄草的花粉，结果表明，只有那些含7条或14条染色体的花粉粒，才能发生作用。含中间数目的花粉粒大多数是没有功能的。

德·莫尔在栽培的风信子（*Hyacinth*）里发现了三倍体。他说，由于被选用为商品的缘故，三倍体的风信子正在取代旧型。三倍体的一些后代有三倍左右染色体数目，构成了现代栽培类型的重要部分。

风信子通常用球茎繁殖，所以任何特定品种都可以被延续下去。德·莫尔研究了正常型和三倍体风信子的生殖细胞的成熟分裂（见图80）。正常二倍型的染色体有8条长的、4条中的和4条短的。单倍型生殖细胞有4条长的、两条中的和两条短的染色体。德·莫尔和贝林都指出，“正常型”减数分裂后，既然每种大小的染色体都有两条，也许“正常型”已经是四倍体了。如果是这样，所谓的三倍体也可能是双倍的三倍体，因为它有12条长的、6条中的和6条短的染色体。

贝林还研究了美人蕉（Canna）的一个三倍体变种的成熟分裂情况。各种大小的染色体都是3条接合在一起。当染色体分离

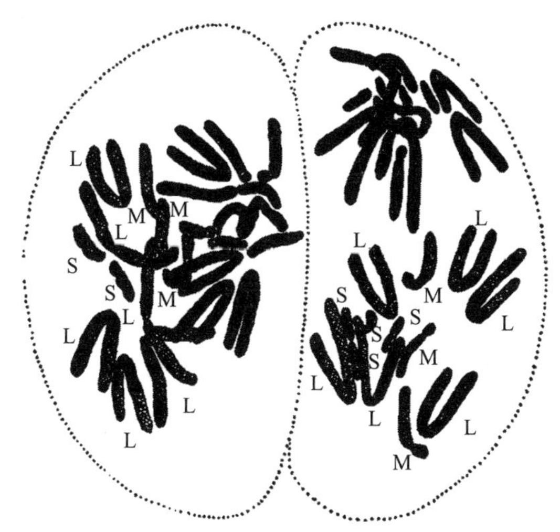

图 80　风信子花粉母细胞的三倍染色体群（仿贝林）

时，每 3 条中的两条通常进入一极，另一条进入另一极，但由于不同类型的染色体都是独立随机分布的，所以很少会产生二倍型和单倍型的姊妹细胞。

布莱克斯利、贝林和法纳姆已经报道了一种三倍体的曼陀罗，这植株是由一个四倍体正常受精产生的。正常二倍型有 24 条染色体（n=12），如图 81a 所示，三倍型有 36 条染色体（见图 81b）。单倍染色体群中，由 1 条特大号（L）、4 条大号（l）、3 条大中号（M）、2 条小中号（m）、1 条小号（S）和 1 条特小号（s）组成。因此，二倍型染色体群是 2（L+4l+3M+2m+S+s），而三倍型群的每类各有三倍。

贝林和布莱克斯利已经研究了三倍体的成熟分裂。减数分裂群由 12 类组成，每类由 3 条联合组成，如图 81b 所示。这些三价染色体与二倍体群内的二价染色体具有相同的体积大小关系，也就是说，它们只由相同的染色体接合而成，如图 81 所示，并且以图中所示的各种不同方式联合。两条染色体可能在两端结合，第三条染色体只有一端相连等。

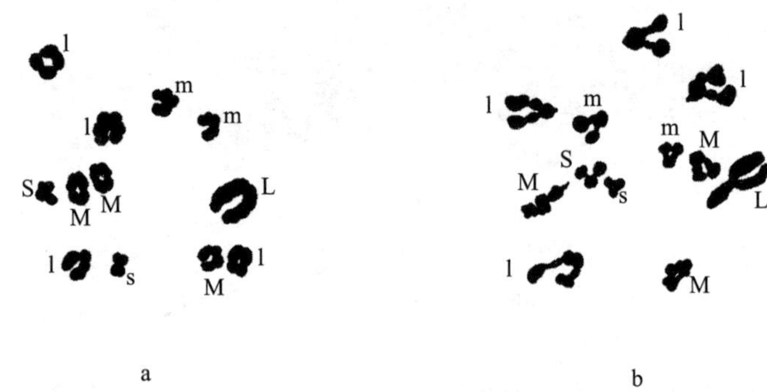

图 81　二倍体和三倍体曼陀罗的成熟分裂

a：二倍体曼陀罗的减数染色体群；b：三倍体曼陀罗的减数染色体群（仿贝林和布莱克斯利）。

在第一次成熟分裂时，每一类的三价染色体中的两条走到纺锤体的一极，另一条则走到另一极（见图 75，第三列），由于在不同的三价染色体之间是随机组合，所以可以得到几种不同的染色体组合。在对三倍体曼陀罗 84 个花粉母细胞的染色体计数，如表 2 所示。这些结果与预测的随机组合的数据非常一致。

表 2　三倍体曼陀罗花粉母细胞内染色体的排列组合，19729（1）

	第二次分裂中期						
染色体的组合	12 + 24	13 + 23	14 + 22	15 + 23	16 + 20	17 + 19	18 + 18
两群的实际数目	1	1	6	13	17	26	20
根据三价染色体任意分布所推算的数学	0.04	0.5	2.7	9.0	20.3	32.5	19.0

三倍体的第一次成熟分裂，多数都能进行。短暂的低温处理有利于这种变化的发生。在第二次成熟分裂时，染色体进行均等分裂，[①] 产生两个巨型细胞，每个细胞有 36 条染色体。

通常，三倍体产生的花粉粒很少有作用，但是有作用的卵细胞似乎比较常见。例如，三倍体被正常植株授粉，根据卵子的染色体自由组合的假设，产生的正常型后代（$2n$）的数目远远超出预料。

布里奇斯发现了三倍体果蝇，如图 82 所示。三倍体有 3 条 X 染色体，同各类的 3 条常染色体平衡，所以，三倍体果蝇是雌性。这种平衡正常，产生了正常雌蝇。由于所有染色体上的遗传因子都是已知的，因此，可以通过后代的性状分布情况，来研究染色体在成熟期的行为。此外，还可以研究交换，以及确定染色体是否以三倍的方式互相配对。

① 均等分裂（Equational division）指一条染色体纵裂为两条，与减数分裂中互相接合的两条染色体的分离不同。——译者注

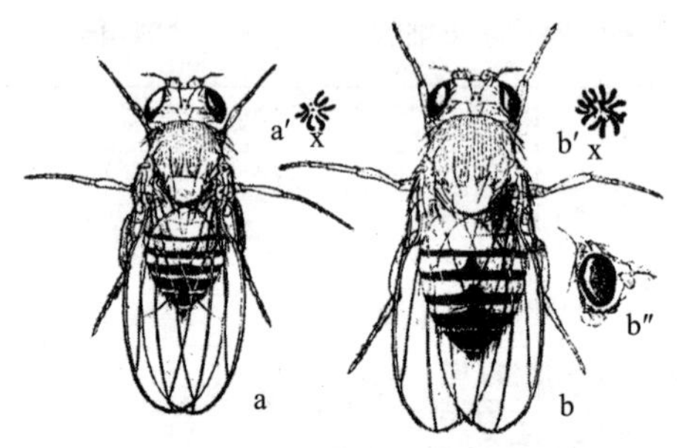

图 82　果蝇的二倍体和三倍体

a：正常雌果蝇（二倍体）；b：三倍体果蝇。

真正的三倍体果蝇，有三组普通染色体和 3 条 X 染色体。如果只有两条 X 染色体，则该个体为性中型。[①] 如果只有一条 X 染色体，那么该个体为超雄性。这些关系如下：

3a+3X= 三倍体雌蝇

3a+2X= 性中型

3a+X= 超雄性

在雌雄异体的动物里，发现了一种胚胎时期的三倍体。据报道，蛔虫（*Ascaris*）的二价型雌虫产生有两条染色体的成熟卵子，这种成熟卵子同含一条染色体的单价型精子受精。这些受精卵发育成胚胎，每个胚胎细胞内各有 3 条染色体。由于这些胚胎在生殖细胞成熟之前就已从母体脱离，因此无法观察到染色体行为的一个最重要的特点，即染色体在接合时期内的联合，一直没有发现过三倍型的蛔虫成虫。

① 性中型（Intersex）也称中间性。——译者注

另一种产生三倍体的方法是将两个二倍体物种杂交，然后将杂种（由于没有接合或减数失败，所以具有三倍型生殖细胞）同亲型之一进行回交。[①] 费德（Federley）用三种蛾类进行了实验，三个物种的染色体数目如表 3 所示。

表 3　三个物种的染色体数目

名称	二倍数	单倍数
Pygaera anachoreta	60	30
Pygaera curtula	58	29
Pygaera pigra	46	23

前两个物种之间的杂种有 59 条染色体（30+29）。当杂种的生殖细胞达到成熟期时，染色体之间不发生接合。在第一次成熟分裂时，59 条染色体各自分裂成两条子染色体，每个子细胞各得 59 条。在第二次成熟分裂时，会出现许多不规则的性状。染色体再次成熟分裂，但两条之间却不能分离开来。尽管如此，仍有部分雄虫可育，如结果所示，它的一些生殖细胞有全部数目（59）的染色体，所以杂交一代的雌蛾是不孕的。

如果把子代雄蛾同亲型雌蛾回交，例如，同 *Pygaera anachoreta* 回交，其成熟的卵子有 30 条染色体，那么，孙代杂种有 89 条染色体（59+30），因此是一个三倍体杂种。这些孙代杂种与子代杂种非常相似。

---

① 原文为二倍体生殖细胞，译文中已予修正。——译者注

孙代有两组 *Pygaera anachoreta* 型染色体和一组 *Pygaera curtula* 型染色体。从某种意义上说，它们是永久性的杂种，尽管在每一代里只有半数的染色体彼此接合。例如，有 89 条染色体的杂种的生殖细胞在成熟分裂时，两组 *Pygaera anachoreta* 型染色体（30+30）接合，29 条 *Pygaera curtula* 染色体仍然是单一的。*Pygaera anachoreta* 型染色体在第一次成熟分裂时分离，*Pygaera curtula* 型染色体则各自分裂开来，于是每个子细胞各得 59 条。在第二次成熟分裂时，所有 59 条染色体都会各自分裂。因此，生殖细胞各得 59 条染色体，成为二倍型。只要继续进行回交，就有可能产生三倍型个体。虽然在人为控制的条件下，可以通过这种方式维持一个三倍体品系，但由于杂种精子发生的不规则性导致后代没有生殖能力，在自然条件下不可能建立一个永久性的三倍体种族。①

由于三倍型保持了基因间的平衡状态，所以预料其胚胎发育是正常的。唯一不和谐的因素是，三组染色体和遗传的胞质数量之间的关系。我们尚不清楚这个过程中发生了多少自动调剂作用，但可以推测，至少在植物中，三倍体的细胞比正常型的细胞会更大一些。

其他已经出现的或通过野生物种杂交产生的三倍体（其中一个的染色体数目是另一个的两倍），将在后面的章节中讨论。

① 文中的叙述有意作了简化。在 F_1 杂种体内，一条或多条染色体有时会接合在一起，这对染色体可能会发生减数分裂，从而使 F_2 个体杂种的生殖细胞内的染色体数目增减一条或多条。

第十章 单倍体

遗传学证据表明，正常发育至少需要一组完整的染色体。含一组染色体的细胞被称为单倍型（haploid），由这种细胞组成的个体有时被称为单倍体或单倍型（haploid）。胚胎学证据也表明，一组染色体是发育所必需的。但这并不意味着，就这涉及发育条件来说，二倍体染色体可以直接被单倍染色体取代而不产生严重后果。

被人工诱导发育的卵子，可能会发育成只有一组染色体的胚胎。然而，可以通过在卵子开始发育之前抑制其胞质的分裂，从而使染色体数目增加一倍，这种情况并不少见，而且比单倍体生活得更好。

从海胆卵子上切下一块碎片，使其同一条精子受精，可以得到一个只有父方一组染色体的胚胎。施佩曼（Spemann）和后来的巴尔茨（Baltzer），通过在蝾螈（*Triton*）受精后立即中缢卵子的方式，有时能够分离出一片只含一个精核的卵子胞质（见图 83），其中一个胚胎被巴尔茨培养到蜕变（变态）时期，发育成为蝌蚪。

如果将蛙卵暴露在 X 射线下，或镭射线下足够长的时间，以

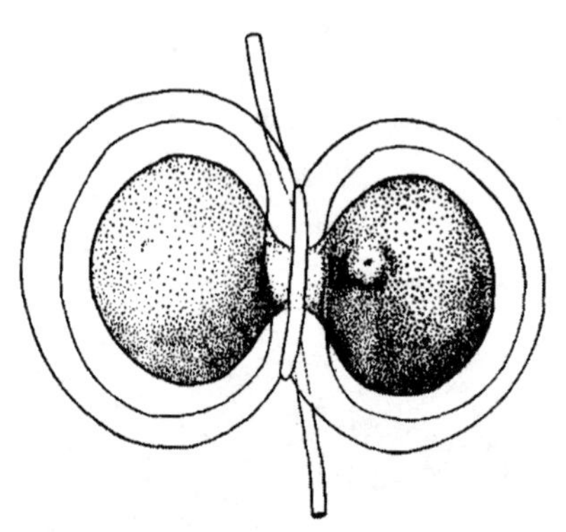

图 83　蝾螈卵子中缢后

蝾螈卵子在受精后立即中缢为二，右半边是极体（仿施佩曼）。

伤害或破坏其染色体。然后，像奥斯卡（Oscar）和冈瑟·赫特维希（Gunther Hertwig）所证明的那样，这些卵子受精后也可能产生胚胎，其细胞只有一半数目的染色体。反之，被照射后蛙精子虽然可以进入卵子，但对于发育没有任何作用。在这种情况下，卵子只有来自卵核的单组染色体，卵子的染色体分裂，而胞质没有分裂，从而在发育开始以前恢复了染色体总数。这些卵子经过胚胎时期会发育成正常的蝌蚪。

通过以上这些不同方式获得的人工单倍体，大多数都很弱。在大多数情况下，它们在达到成年阶段之前就已经夭折，其原因尚不明确，但可以考虑几种可能性。一个具有单倍型胞核的整个卵子，如果通过人工手段刺激使其进行单性发育，并且如果在分化（器官形成）前，该卵的分裂次数与正常卵的相等，那么，就细胞的染色体数与其体积的比例来说，将是正常细胞比例的两倍。既然细胞的发育依赖于其基因，因此，也可能由于基因物质欠缺，以致无法对两倍体积的胞质产生正常的效果。

另一方面，如果这样的卵子在开始分化（器官形成）之前比正常的卵子多经过一次成熟分裂，那么，染色体数目（核的大小）与细胞的体积就会维持正常比例——整个胚胎中的细胞和胞核的数目将是正常的两倍。整个胚胎将包含与正常胚胎相同的染色体总数。在这种情况下，细胞的较小体积对于发育过程有多大程度的影响，目前还不清楚。观察单倍体细胞的大小发现，细胞大小如常，胞核却只有正常核的一半大小。那么，胚胎并没有像刚才所指出的那样校正其胞核胞质关系。

也许可以通过另一种方式来确定，人工单倍体的弱点是否是因为细胞体积正常而基因不足的原因。含一个精核的半个卵子，如果经过与正常卵子同样多次数的分裂，则胚胎细胞和其胞核之间，将会维持正常的体积比例。事实上，这种类型的海胆胚胎早已为人所知。它们变成了看似正常的长腕幼虫，但还没有一个超过这个阶段，因为某些原因，即使是正常的胚胎在人工条件下也很难超过这个阶段，因此，还不能确定这些单倍体的活力是否还和正常的胚胎一样。

博维里和其他学者广泛地研究了海胆卵子的断片，其中大多数断片可能小于半个卵子。博维里的结论是，这些单倍体大多在原肠形成时期前后就死亡了。这些“断片”可能从未从手术中完全恢复，或者它们没有包含胞质所有的重要成分。

将这些胚胎与通过分离正常二倍型卵子的裂球后所获得的胚胎进行比较，有一定的意义。当海胆卵分裂为 2 个、4 个或 8 个胚胎细胞时，可以通过无钙海水处理把这些裂球各自分离开来。这里没有手术性的损伤，每个细胞都有双组的染色体。然而，许多 1/2 裂球发育不正常，极少的 1/4 裂球能发育成长腕幼虫，也许一个都没有。这一证据表明，除了染色体数目和胞核胞质比之外，小体积本身也有不利的影响。我们尚不清楚这意味着什么，但表面与体积的关系随细胞大小而变化，这也可能会影响结果。

根据这些实验可以看出，在已经适应了二倍体状态的物种中，要想通过人为地减少卵子胞质来获得正常活力的单倍体，希望不大。然而，在自然条件下，有几个已知的案例存在单倍体，有一个案例中，二倍体物种的单倍体已经存活到了成年。

布莱克斯利在他栽培的曼陀罗里发现了一株单倍体，如图 84 所示。这株植物的基本性状都与正常型相似，只是它产生的单倍

图 84 曼陀罗的单倍体植株

仿布莱克斯利，载于《遗传学》杂志。

型花粉粒数量非常少。这些花粉粒是在艰难度过成熟期后，才获得了一组染色体。

在父母任一方是二倍体的物种中，自然界似乎已经成功地产生了少数的单倍体。蜜蜂、黄蜂和蚂蚁的雄性都是单倍体。后蜂的卵子有 16 条染色体，① 在接合后变成 8 条二价染色体（见图 85）。发生两次成熟分裂后，染色体数目减少到 8 条。如果卵子

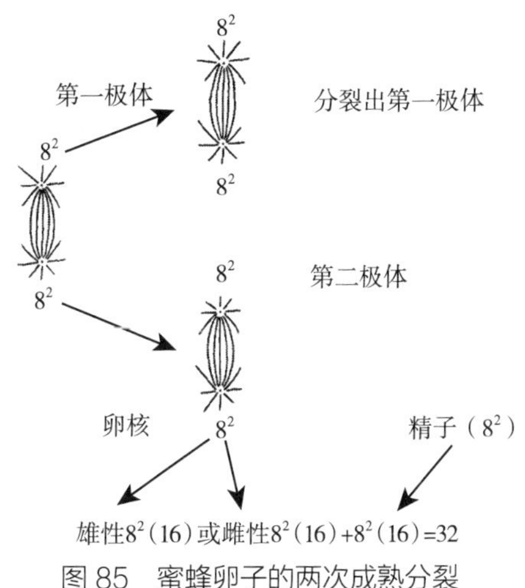

图 85　蜜蜂卵子的两次成熟分裂

下部显示了卵子受精后，染色体各分裂为二，数目加倍。

---

① 根据纳茨海姆（Nachtsheim）的观察和解释，未成熟的蜂卵原有 32 条染色体，由于染色体两两密切接合，所以看起来只有 16 条。实际上，每一条都是“双染色体”或二价染色体。在成熟分裂开始以前，16 条二价染色体又两两接合成 8 条“四价染色体”。经过减数分裂，成熟卵子各得 8 条二价染色体，即 16 条单价染色体。精母细胞原有 16 条单价染色体，因为没有减数分裂，所以成熟精子仍然各得 16 条单价染色体。雄蜂由卵子单性发育而成，所以只有 16 条单价染色体（单倍体）。后蜂和职蜂各由受精卵发育而成，所以有 32 条染色体。

图 85 中，染色体数字 8^2，在第一次分裂时指 8 条四价染色体，在第二次分裂时则指 8 条二价染色体。——译者注

受精，就会发育成具有二倍体染色体数目的雌性（后蜂或职蜂），但如果卵子没有受精，就会以半数的染色体进行单性发育。

在雄雌性两者的胚胎轨道（germ–track）上，似乎没有发生断裂作用，或者即使发生了断裂，这些断片也是在成熟期之前重新联合在一起了。

对雌雄两种蜜蜂各种组织的核和细胞体积的观察发现［博维里，梅林（Mehling），纳茨海姆］，一般来说，在二倍体（diplont）和单倍体之间没有固定的差别。然而，在雌蜂和雄蜂的早期胚胎阶段，有一种特殊的现象，使情况变得有些复杂。在雌雄胚胎的细胞内，染色体数目是最初的两倍，这显然是因为每条染色体分离成了两部分。在雌性胚胎的细胞内也发生了同样的过程，甚至染色体再次重复，看起来似乎有 32 条染色体存在。这项证据似乎表明，染色体数目实际上并没有增多，只是各自“断裂”而已。如果这种解释是正确的，则基因的数目就没有增加。雌蜂的染色体数目仍然是雄蜂的两倍。目前还不清楚这种断裂与胞核体积有什么关系（如果有的话）。

证明雄蜂是一个单倍体，或者至少它的生殖细胞是单倍型的最好证据，是在细胞成熟分裂时的行为中发现的。第一次成熟分裂流产了（见图 86a、b）。一个不完整的纺锤体上面有 8 条染色体。一部分胞质分离出来，其中没有染色质。第二纺锤体发育，染色体各自分裂（见图 86d ～ g），大概是纵向分裂，子代半数染色体分别走到两极。一个小细胞从一个大细胞上分离出来，大细胞成为有作用的精子，含有单倍数目的染色体。

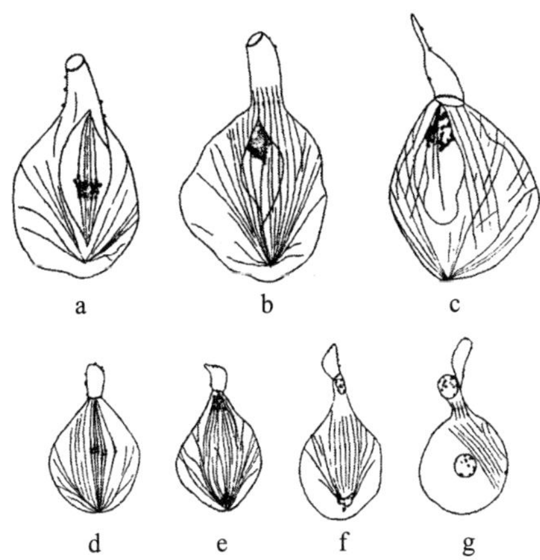

图 86　雄蜜蜂生殖细胞的两次成熟分裂（仿 Meves）

据说锥轮虫（*Hydatina senta*）雄虫是单倍体（见图 87e），雌虫是二倍体。在营养条件不良的情况下，或以原生动物 *Polytoma*（一种虫类）为食时，只出现雌轮虫。雌虫是二倍体，它的卵子最初也是二倍型。每个卵子只分出一个极体——每条染色体分裂成相同的两半。完整的染色体数目保留在卵中，通过单性发育成雌虫的卵子。

当锥轮虫被喂食其他食物时（例如眼虫），会出现一种新型的雌虫。如果该虫从卵壳孵出时即同一个雄虫受精，则它只产生有性卵，每个卵子放出两个极体，并保留单倍数目的染色体。已经进入卵子的精核同卵核结合，形成一个二倍体的雌虫，雌虫再开始单性繁殖的谱系。然而，如果上述特殊类型的雌虫没有受精，则会产生较小的卵子，这些卵子发出两个极体，可能保留一半数量的染色体，再通过单性繁殖发育成单倍体雄虫。雄虫在出

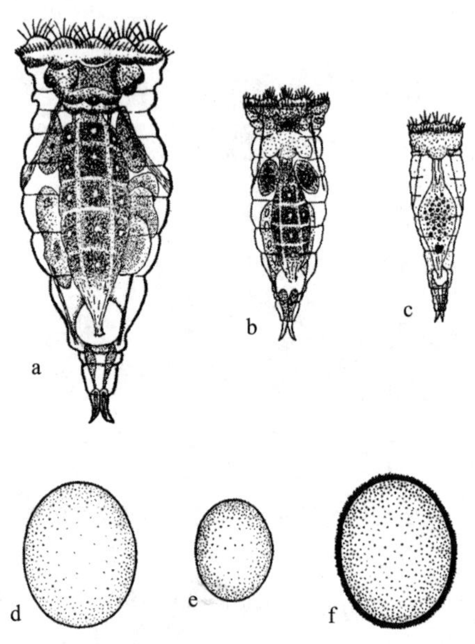

图 87 锥轮虫营单性繁殖的雌虫，营有性繁殖的雌虫和雄虫

a：锥轮虫的单性繁殖的雌虫；b：同种的幼年雌虫；c：同种的雄虫；d：单性繁殖的卵子；e：发育成雄虫的卵子；f：冬季卵（仿惠特尼）。

生后几小时便成熟，不再生长，几天后就死去。

白“蝇”（*Trialeurodes vaporariorum*）的雄虫，已经被施拉德（Schrader）证明是单倍体。莫里尔（A.W.Morrill）发现，在美国，这种果蝇的未交尾雌虫只产生雄虫后代，莫里尔和贝克（Back）在同族的另一物种中也发现了这一点。另一方面，在英国，根据哈格里夫斯（Hargreaves）和后来的威廉姆斯（Williams）的说法，同一种白蝇的未交尾雌虫只生出雌虫。施拉德（1920）研究了美国物种的染色体：雌虫有 22 条，雄虫有 11 条。成熟的卵子原有 11 条二价染色体。两个极体被放出，卵子中只留下 11 条单染色体。如果卵子受精，另增精核的 11 条染色体。如果卵子没有受精，则通过单性繁殖发育，其胚胎细胞各有 11 条染色体。在雄虫生殖细胞的成熟期，没有减数分裂的迹象（甚至没有像蜜蜂那样的初级过程），等位分裂与精原细胞的分裂没有区别。

欣德尔（Hindle）的繁殖实验表明，虱子的未受精卵会发育成雄虱。有一种恙虫（*Tetranychus bimaculatus*），未受精的卵只能发育为雄虫，受精的卵产生雌虫（根据一些观察者的说法）。

施拉德（1923）研究表明，雄虫是只有 3 条染色体的单倍体，雌虫是有 6 条染色体的二倍体。早期卵巢的卵子有 6 条染色体，结合后产生 3 条二价染色体。两个极体被放出，在卵子中留下 3 条染色体。如果卵子受精，则增加 3 条染色体，结果产生 6 条染色体的雌虫；如果卵子没有受精，则直接发育成雄虫，其细胞内各有 3 条染色体。

舒尔（A.F.Shull）研究过一种蓟马（*Anthothrips verbasci*）的未交尾雌虫，未受精卵中只产生雄虫，这些雄虫多半是单倍体。

在藓类和苔类植物中，原丝体和藓类的植株阶段（配子体）是单倍体。韦特斯坦通过人工手段，使原丝体细胞内的染色体数目增加了一倍，并从这些细胞内得出二倍型的原丝体和藓类植物。这个结果证明，这个世代和孢子体世代之间的差异，不是因为各自包含的染色体数目，而是一种发育现象，即孢子必须经过配子体状态才能达到孢子体世代。

第十一章
多倍系

近年来，越来越多的研究表明，亲缘很近的野生型和驯化类型，它们的染色体数目都是一个基本单倍数目的倍数。多倍系成群地发生，这种现象表明，染色体倍数较大的是通过染色体倍数较小的连续增加产生的。分类学者们是否会把这些稳定的类型当作稳定的物种，这要由他们来决定。

也许重要的是，多倍系已经在几个群体中被发现，这些群体被称为多形的群，因为它们之间既有变异又相似，而且，在许多例子里都无法从种子中培育同一类型，这使分类学者感到困惑。但所有这些都与细胞学上的发现相符合。

就染色体群的平衡而言，可以预料到这些植株在遗传学上非常相似，除非，由细胞体积的增加引起基因数目增加，同时还可能引起胞质里的某些化学效应。

多倍体小麦

在小型谷物如小麦、燕麦、黑麦和大麦中，都有一些多倍染色体群。学者们对小麦系进行了最为广泛的研究，并对杂交产生的杂种类型进行了研究。其中，单粒小麦（*T.monococcum*）的染色体最少，为 14 条（*n*=7）。单粒小麦属于单粒（*Einkorn*）群，珀西瓦尔（Percival，1921）认为，其历史可以追溯到新石器时代的欧洲。另一类型为有 28 条染色体的爱美尔（Emmer）群，在史前时期的欧洲以及公元前 5400 年的埃及就有种植。直到希腊罗马时代，才被有 28 条染色体的小麦（爱美尔群）和有 42 条染色体的软粒小麦（*Vulgare*）群所取代（见图 88）。爱美尔小麦群的变种数量最多，但软粒小麦群却有更多不同的“类型”。

有几位学者研究了各种小麦的染色体，最新的成果是坂村彻（Sakamura，1920）、木原均（Kihara，1919、1924）和萨克斯（Sax，1922）的研究。下面的叙述主要来自木原均的专著，也有一部分引自萨克斯的论文。观察到的二倍染色体数目和观察或估计的单倍数目，如表 4 所示。

表 4　二倍染色体数目和观察或估计的单倍数目

名称	单倍数	二倍数
单粒群（*Einkorn*），单粒小麦（*T. monococcum*）	7	14
爱美尔群（*Emmer*），双粒小麦（*T. dioccum*）	14	28
爱美尔群（*Emmer*），波洛尼卡小麦（*T. poloricum*）	14	28
爱美尔群（*Emmer*），双粒小麦（*T. durum*）	14	28
爱美尔群（*Emmer*），双粒小麦（*T. turgidum*）	14	28

续表

名称	单倍数	二倍数
软粒群（*Vulgare*），斯拍尔达小麦（*T. spelta*）	21	42
软粒群（*Vulgare*），密质小麦（*T. commpacta*）	21	42
软粒群（*Vulgare*），软粒小麦（*T. vulgare*）	21	42

各种单倍型群如图 88 所示，其中，图 88a 为单粒小麦，图 88e 为坚粒小麦，图 88h 为软粒小麦。

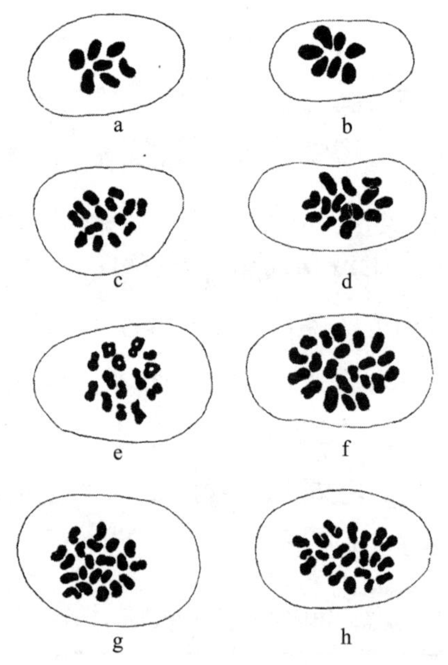

图 88　二倍体、四倍体和六倍体小麦减数分裂后的染色体数目（仿木原均）

根据萨克斯的研究成果，上述群中的细胞正常成熟分裂，如图 89 所示。在单粒小麦中，7 条二价染色体（接合染色体）在第一次成熟分裂时就各分为二，每极各得 7 条染色体，没有一条染色体滞留在途中。子细胞进行第二次分裂，每极各得 7 条染色体。在爱美尔型中有 14 条二价染色体，在第一次成熟期二价染色体各分为二，每极各得 14 条染色体。在第二次成熟分裂时，染色体各自纵裂，每极各得 14 条染色体。软粒小麦型有 21 条二价染色体，在第一次成熟分裂时，二价染色体各自分裂，每极各得 21 条染色体。在第二次成熟分裂时，染色体各自纵裂，每极各得 21 条染色体。

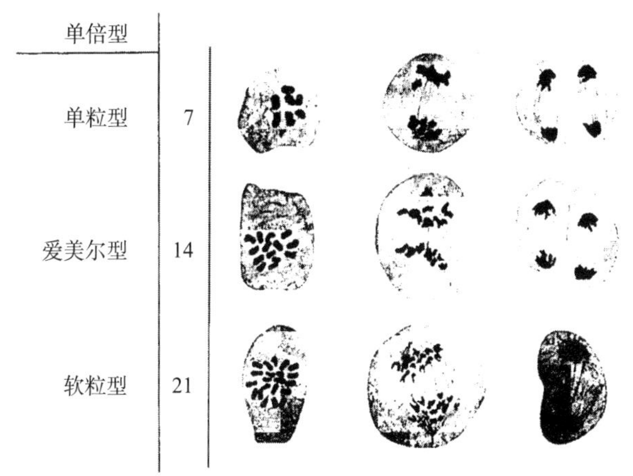

图 89　二倍体、四倍体和六倍体小麦第一次成熟分裂，即减数分裂（仿萨克斯）

这一系类型可以解释为二倍体、四倍体和六倍体。每一类型都是平衡的，每一类型也都是稳定的。

在这些类型中，有几个具有不同染色体数目的类型进行了杂交，产生了不同组合的杂种，其中一些稍具生殖能力，另一些则完全不孕。有几个组合，父母两方各有不同的染色体数目，这些染色体的表现显示出了一些重要关系。下面举几个例子说明。

木原均研究了具有 28 条染色体的爱美尔（n=14）型和具有 42 条染色体的软粒型（n=21）杂交产生的杂种，该杂种有 35 条染色体，因此是一个五倍体杂种。在成熟期（见图 90a ~ d)，有 14 条二价染色体和 7 条单染色体。二价染色体各自分裂，每极各得 14 条，单染色体则不规则地分布在纺锤体上，在“减数”染色体走到两极后，这些单染色体会滞留一段时间（见图 90d)，随后各自纵裂，子染色体分别走向两极，但不十分整齐。当染色体平均分布时，每极会得到 21 条染色体。

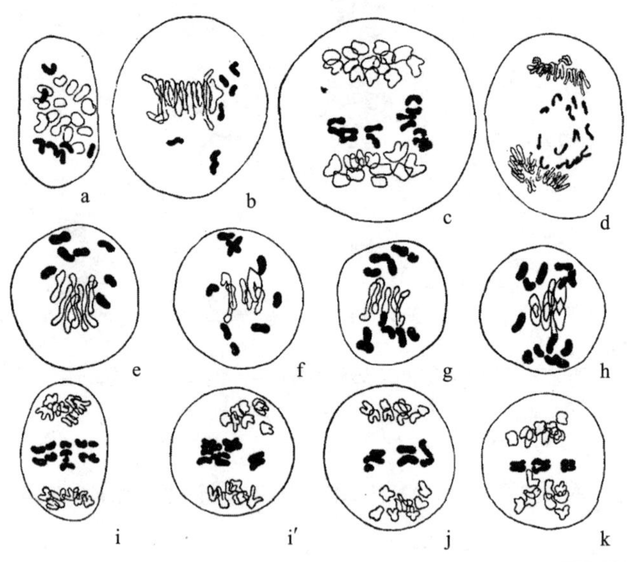

图 90　杂种小麦的减数分裂（仿木原均）

顺带一提的是，根据萨克斯对三倍体小麦的研究结果，此时 7 条单染色体并没有分裂，而是不均匀地分布到两极，常见的分布比例是 3∶4。爱美尔小麦和软粒小麦之间的杂种的减数分裂，如图 91 所示。

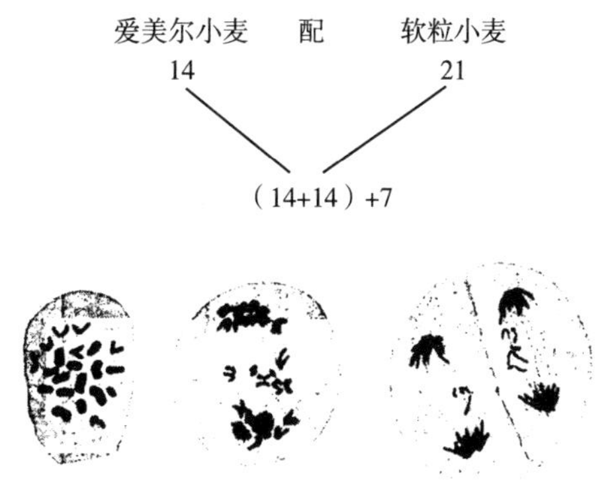

图 91　爱美尔小麦和软粒小麦杂种的减数分裂（仿萨克斯）

根据木原均的记载，在第二次分裂时，出现了 14 条纵裂的染色体和 7 条未分裂的染色体。前者分裂开来，每极各得 14 条，而 7 条单染色体则是随机分布最常见的是 3 条到一极，4 条到另一极。萨克斯认为，7 条单染色体和 14 条减数染色体在第二次成熟分裂时分裂开来。

无论对单染色体的解释是什么（在别的物种中两种解释都有先例），一个显而易见的重要事实是，接合只发生在 14 条染色体之间。究竟是爱美尔小麦的 14 条染色体和软粒小麦的 14 条染色体互相接合，还是爱美尔小麦的 14 条染色体联合成 7 条接合体，软粒小麦的 14 条染色体联合成 7 条接合体，剩下 7 条单染色体，这一点还无法从细胞学上解释清楚。对这些或类似的组合（这个组合产生可育性杂种）的遗传方面研究，可能会提供确定性的证据，但目前还缺乏这种证据。

木原均还将有 14 条染色体的单粒小麦（n=7）同有 28 条染色体的爱美尔小麦（n=14）进行杂交，得到的杂种有 21 条染色体，是三倍体。在杂种生殖细胞（花粉母细胞）成熟分裂时，其染色体分布情况比上例情况更混乱（见图 90e ~ k）。接合染色体的数目是不固定的，染色体之间的联合（如果发生的话）也不完全。二价染色体数目的变化情况如表 5 所示。

表 5　染色体的数目情况

体细胞染色体数目	二价染色体数目	单染色体数目	图中部分
21	7	7	图 90e
21	6	9	图 90b
21	5	11	图 90g
21	4	13	图 90h

在第一次分裂时，二价染色体分裂为二，并分别走到两极。单染色体的分裂并不总是在它们到达两极之前发生的，有的在到达两极时没有分裂，有的则先行分裂，每半各趋一极。7 条单染色体滞留在两极染色体群之间的中央平面上，这种情况并不少见（见图 90i）。三种计数结果如表 6 所示。

表 6　三种计数结果

上极	两极之间	下极	图中部分
8	6	7	图 90i
9	4	8	图 90j
9	3	9	图 90k

在第二次成熟分裂时，通常有 11 或 12 条染色体：有些是二价染色体（纵向分裂），有些是单染色体。二价染色体正常分裂，子染色体去往一极或另一极；单染色体不经过分裂，直接去往一极或另一极。

单从这一项结论，无法确定是哪些染色体在杂种中接合。由于二价染色体数量不超过 7 条，因此可以认为是爱美尔小麦的 14 条染色体相互接合。

在爱美尔同软粒小麦的杂交中，已经获得了少数可孕性杂种。木原均研究了一些 F_3、F_4 和以后世代中一些杂种成熟分裂时的染色体。各植株的染色体数目各不相同，在成熟分裂中，有些染色体的分布也不规则，从而引起更多的不规则，或重新建立一个如原始类型那样的稳定类型，等等。这些结果对杂种的遗传研究很重要，但对我们目前的目的来说过于复杂。

木原均研究了软粒小麦和一种黑麦的杂种，软粒小麦有 42 条染色体（n=21），黑麦有 14 条染色体（n=7）。该杂种（有 28 条染色体）可称为四倍体。根据早期的观察，这两个差别很大的物种的杂种是不孕的，但另有一些观察者认为是可孕的。

在生殖细胞的成熟期，观察到的接合染色体很少甚至没有，数量如表 7 所示。

表 7　接合染色体对应数量表

双染色体	单染色体
0	28
1	26
2	24
3	22

染色体向两极的分布是非常不规则的，极少的单体在到达两极之前分裂，还有一些则散布在细胞内。在第二次成熟分裂中，许多染色体分裂，那些在第一次分裂中分裂的染色体滞后并缓慢地到达两极，但滞后的数量比第一次成熟分裂时少得多。

在小麦同黑麦的杂交中，几乎没有接合染色体，这是该杂交最有趣的特点。由此产生的染色体分布的不规则性，可能导致了杂种中常见的不孕现象。还有一种可能是，同一物种的所有（或大部分）染色体可能（作为一种罕见的事件）走到另一极，这可能会导致有作用花粉粒的形成。

多倍体蔷薇

自林奈（Linnaeus）时代起，许多蔷薇的分类使分类学者们感到困惑。最近，瑞典植物学家塔克霍姆（Tackholm）和三位英国植物学家，哈里森（Harrison）及其同事布莱克本（Blackburn），以及蔷薇专家和遗传学家赫斯特（Hurst）先后发现，某些类别的蔷薇，特别是属于卡尼纳（*canina*）蔷薇族的蔷薇，都是多倍型。它们之间的差异不仅是因为多倍性，广泛杂交也有影响。

塔克霍姆最近对这些蔷薇进行了深入的研究。首先谈一下他的计算，有 14 条染色体（n=7）的物种染色体数目最少，可作为基本型。另有 21 条染色体的三倍体（3 × 7），28 条染色体的四倍体（4 × 7），35 条染色体的五倍体（5 × 7），42 条染色体的六倍体（6 × 7）以及 56 条染色体的八倍体（8 × 7），如图 92 所示。

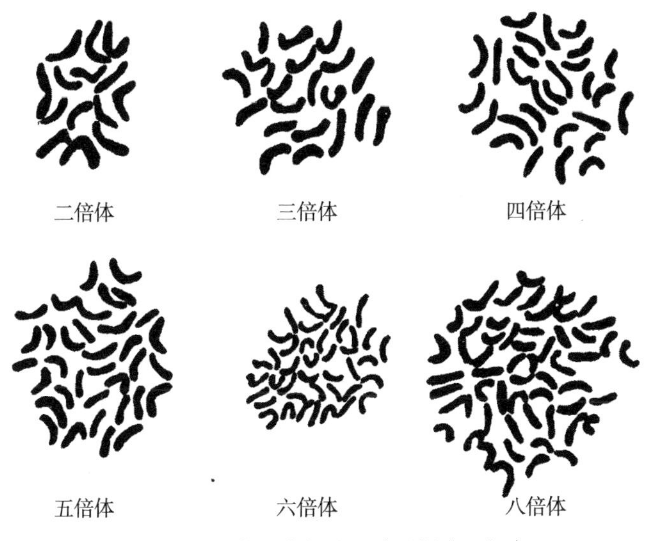

图 92　蔷薇的多倍体系（仿塔克霍姆）

那些平衡的多倍体中，在成熟分裂时，所有染色体都是成对接合的（二价染色体）；而那些奇数染色体的多倍体，甚至一些偶数染色体的多倍体（被认为是杂交体），在第一次成熟分裂中，只有 7 条（或 14 条）二价染色体，其余的染色体都是单染色体。换句话说，当七类染色体中的每一类各有 4 条、6 条或 8 条二价染色体时，它们两两接合，就好像这些类型是二倍体。不管染色体的来源是什么，它们绝不会 4 条、6 条或 8 条接合在一起。在这些多倍体中，接合染色体在第一次成熟分裂时分离，每极各得一半。在第二次成熟分裂时，每条染色体都会各自分裂，每条子染色体的一半都会走到一极或另一极。这样，无论是花粉还是胚珠，生殖细胞都含有原来的半数染色体。因此，如果它们进行有性繁殖，数目就会维持不变。

另一群蔷薇，其生殖细胞内发生的变化表明它们是不稳定的形式，因此被塔克霍姆视为杂种。其中一些有 21 条染色体，因此是三倍体。在花粉母细胞的成熟早期，有 7 条二价染色体和 7 条单染色体。在第一次成熟分裂时，7 条二价染色体分裂，每极各得 7 条染色体，7 条单染色体不分裂，随机分布到两极。因此，可能存在几种组合。这种类型在这方面是不稳定的。在第二次成熟分裂时，不管是早期的二价染色体还是单染色体，都会分裂成两条。许多子细胞都退化了。

另有一些杂种，有 28 条染色体（4 × 7），但塔克霍姆并没有把他们归为真正的四倍体，因为染色体在接合时的行为，表明了每类染色体不够 4 条。该型只有 7 条二价染色体和 14 条单染色体。在第一次分裂时，7 条二价染色体纵裂，14 条单染色体不分裂，分布也不规则。

另一些杂种有 35 条染色体（7×5）。成熟时有 7 条二价染色体和 21 条单染色体（见图 93）。两种染色体的行为与上一种情况相同。

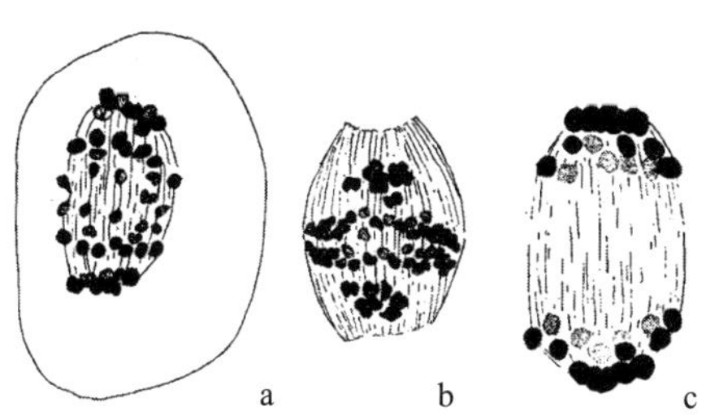

图 93　35 条染色体的蔷薇杂种花粉母细胞第一次成熟分裂异型分裂（仿塔克霍姆）

第四类型的杂种有 42 条染色体（7×6）。成熟时仅有 7 条二价染色体，但有 28 条单染色体。染色体在成熟期的表现与之前相同。

按照花粉形成情况，对以上四型“杂种蔷薇”进行了分类，如表 8 所示。

表 8　四型“杂种蔷薇”分类

二价染色体数目	单染色体数目	合计
7	7	21
7	14	28
7	21	35
7	28	42

这些杂种的独特行为，包括只有 14 条染色体接合成 7 对二价染色体。我们必须假设这些染色体是相同的。在这种情况下产生的额外的染色体是这样接近，足以使它们接合在一起。其他染色体群不接合的原因并不明显，除非像塔克霍姆所提示的，其他各组的 7 条染色体，是通过不同的野生物种杂交得来的。以这种杂交方式新添的各组染色体与原来一组染色体的差异以及各组之间的差异，都可以妨碍它们之间的接合。

还有另外两种杂交形式：这两种都有 14 条二价染色体和 7 条单染色体，它们的接合染色体数目是前一种杂交体的 2 倍。

在卡尼纳群中只有少数杂种，其胚囊（卵子发育的地方）中染色体的分裂过程有资料记录，如图 94 所示。

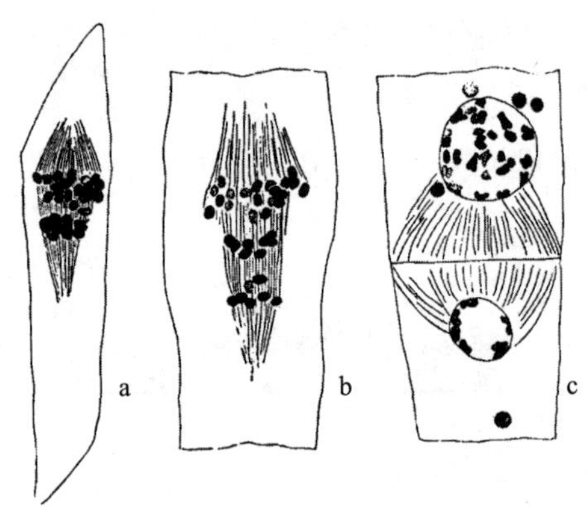

图 94　蔷薇卵细胞的成熟分裂

所有单染色体走到一极，在那里和半数的接合染色体会合（仿塔克霍姆）。

在纺锤体的赤道上有 7 条二价染色体，而所有的单染色体则都集中在一极。每条二价染色体分离成为两半，一半走到一极，一半走到另一极。由此产生的两个胞核中，有一个含 7 条染色体（来自二价染色体）和所有的 21 条单染色体，而另一个子细胞则只有 7 条染色体。卵细胞是由前一组胞核发育来的。如果卵细胞真由含（7+21）条染色体的细胞发育而来（似乎是这样），并同含 7 条染色体的精子（假设另一种精子是没有作用的）受精，则受精卵将有 35 条染色体，即该型原来的染色体数目。

这些多倍体杂种蔷薇的生殖过程，还没有完全解释清楚。仅就萝卜蔷薇的一个种类种植方面而言，它们将维持受精后得到的任何数目的染色体。那些通过单性繁殖形成的种子，也可能维持一定数目的体细胞染色体。由于花粉和卵细胞形成过程中的不规则性，可能会有更多不同的组合。如果不了解这些类型的染色体间的相互关系，那么遗传过程将是令人费解的。即使这方面的知识有了发展，关于这些杂种蔷薇的组成，仍然有很多问题需要明确。

赫斯特研究了野生和栽培的蔷薇品种，他认为野生的二倍体物种由五个主系组成，即 AA、BB、CC、DD、EE，如图 95 所示，a ~ d，e ~ h，i ~ l，m ~ p，q ~ t 分别对应五个主系。这五个主系的许多组合是可以识别的。例如，一种四倍体为 BB、CC，另一种为 BB、DD；一种六倍体是 AA、DD、EE；一种八倍体是 BB、CC、DD、EE。

赫斯特指出，五个主系中，每一个系至少有 50 个可鉴别的性状。这些性状可以在杂种中以组合的形式表现。环境条件可能

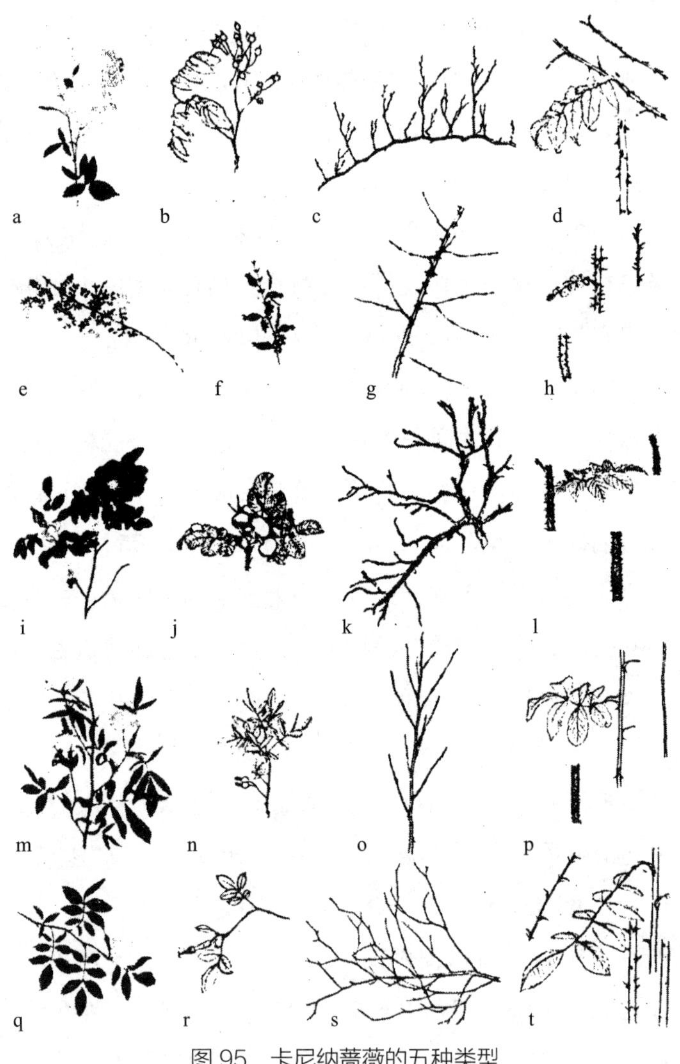

图 95 卡尼纳蔷薇的五种类型

蔷薇的五种类型，即 a ~ d，e ~ h，i ~ l，m ~ p，q ~ t。各型的特征排在同一行，包括花、果实、分枝情况，刺和叶的着生处（仿赫斯特）。

交替地促进一系或另一系的性状。赫斯特认为，在这些相互关系的基础上，可以对该属的物种进行分类。

其他多倍系

除了上述类型外，一些其他群里也有过多倍染色体的变种和物种的报道。

已知由柳菊（*Hieracium*）属包含一些有性繁殖的物种，另一些物种虽然有时包含一些正常花粉粒的雄蕊，但为单性繁殖。罗森伯格（Rosenberg）研究了几个产生花粉的物种的花粉发育情况，他还研究了不同物种杂交产生的杂种。他研究了具有 18 条染色体（n=9）的 *H.auricula* 和具有 36 条染色体（n=18）的 *H.aurantiacum* 的杂种花粉细胞的成熟分裂。在第一次成熟分裂中，杂种有 9 条二价染色体和 9 条单染色体，但也有一些特殊情况，可能是由于亲型花粉中染色体数目异常的缘故。在第一次成熟分裂时，每条二价染色体分裂为两条，大部分的单染色体也会分裂开来。

罗森伯格还研究了另两种（*H.pilosella* 和 *H.aurantiacum*）四倍体（36 条染色体）的杂种的成熟分裂。杂种的体细胞有 38 ~ 40 条染色体。有两个例子，含 18 条二价染色体和 4 条单染色体。在 *H.excellens* 同 *H.aurantiacum* 的杂交中，*H.excellens* 有 36 或 42 条染色体（n=21），*H.aurantiacum* 有 36 条染色体（n=18），另外一例 *H.aurantiacum* 有 18 条二价染色体。所以，*H.excellens* 亲型可能有 36 条染色体。在另一个同样的杂交里，其子代花粉大都是不孕的，这里有许多二价染色体和单染色体。在另外两个四倍体杂交中也得出了相似的结果。总的来说，从四倍体得到的结果表明，在这些不同的物种中存在着类似的染色体，它们彼此接合形成二价染色体，看起来比由同一物种内同类染色体联合而形成的可能性更大。

罗森伯格还研究了 *Archieracium* 物种的花粉成熟情况，在这些物种中，有性繁殖和单性繁殖都会发生，后者更为常见。在 *Archieracium* 的单性繁殖类型的胚囊内，没有减数分裂，但保留二倍数目的染色体。花粉的发育的改变很大，有作用的花粉很少。花粉母细胞的减数分裂是非常不规则的。罗森伯格曾经阐述了几个无配子（无性）繁殖的山柳菊物种的成熟期，[①]其中的花粉几乎没有任何作用（见图 96）。他把这种变化解释为，部分是由于它们起源于四倍体（二价染色体和单染色体出现在大多数类型中），部分是由于染色体之间的接合作用逐渐丧失，同时又抑制了一次成熟分裂。有人认为，卵母细胞内可能存在一系列类似的变化，从而使单性生殖的卵子保留了所有染色体。

在家菊的栽培品种中，田原正人（Tahara）发现了一个多倍系家菊。10 个变种（见图 97）各有 9 条单倍染色体，但染色体的大小不同，更重要的是，不同品种染色体的相对体积可能不同（见图 98），这一点将在后面讨论。另一要点是，在一些染色体总数相同的物种中，胞核体积也可能不同。其他菊种的染色体为 9

① 无配子生殖（apogamous），配子体借营养繁殖法产生孢子体，其中没有配子的产生和受精。——译者注

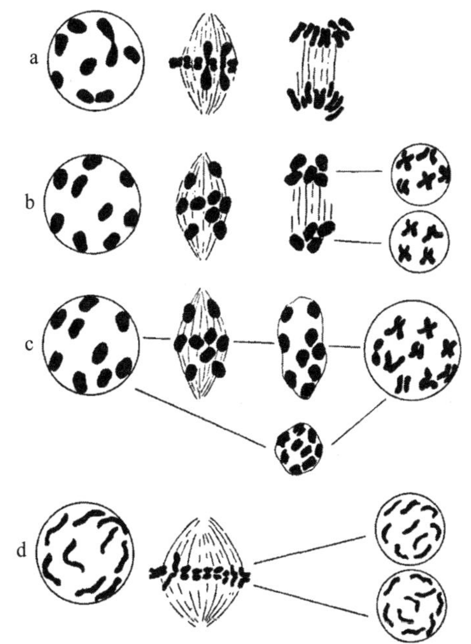

图 96　山柳菊属内几种无配子生殖物种的花粉的成熟分裂阶段（仿罗森伯格）

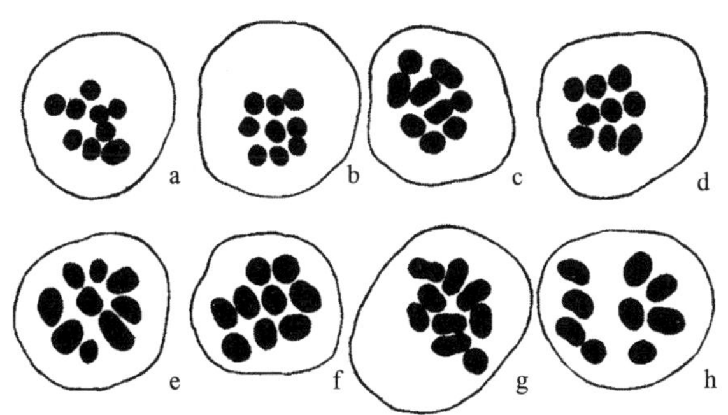

图 97　家菊 8 个变种的染色体类型，各含减数分裂后的 9 条染色体（仿田原正人）

的倍数（见图 99）：两种有 18 条，两种有 27 条，一种有 36 条，两种有 45 条。染色体数目和胞核体积之间的关系，如表 9 所示。

表 9　染色体数目和胞核体积之间的关系

名称	染色体数目	胞核直径	半径
Ch . lavandulove fotium	9	5.1	17.6
Ch . roseum	9	5.4	19.7
Ch . japonicum	9	6.0	29.0
Ch . nipponicum	9	6.0	27.0
Ch . coronarium	9	7.0	43.1
Ch . carinatum	9	7.0	43.1
Ch . Leucanthemum	18	7.3	50.7
Ch . morifolium	21	7.8	57.3
Ch . Decaisneanum	36	8.8	85.4
Ch . articum	45	9.9	125.0

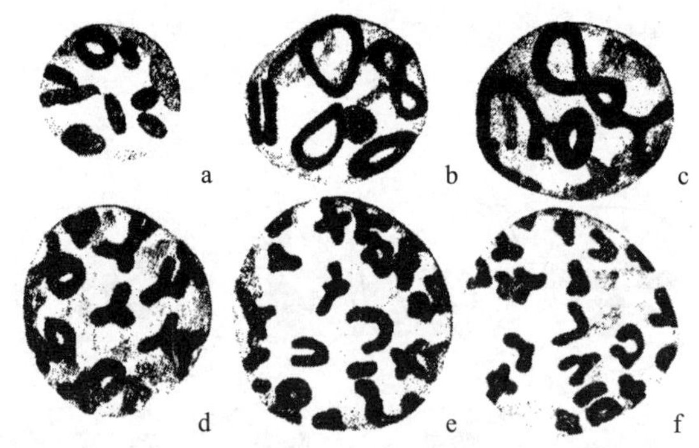

图 98　不同变种菊的多倍染色体群

染色体数量：a 为 9 条；b 为 9 条；c 为 18 条；d 为 21 条；e 为 36 条；f 为 45 条（仿田原正人）。

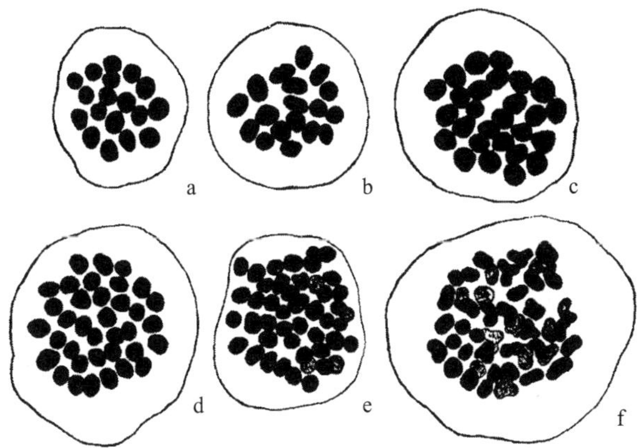

图 99 几个变种的家菊的终变期胞核

染色体数量：a 和 b 为 18 条；c 为 27 条；d 为 36 条；e 为 45 条；f 为 45 条（仿田原正人）。

大泽（Osawa）已经报道了桑树（Morns）的三倍体变种。在他研究的 85 个变种中，40 个是三倍体。二倍体的染色体数目为 28（n=14），三倍体的染色体数目为 42（3 × 14）。二倍体植株有生殖能力，三倍体的成熟分裂显示出不规则性（单价染色体），花粉粒和胚囊都不能发育成熟。三倍体的第一次成熟分裂时，无论是花粉还是大孢子母细胞，都有 28 条二价染色体和 14 条单价染色体。单价染色体随机走到两极，它们在第二次分裂时各自分裂为二。

在槭属（*Acer*）植物中，似乎也可能有多倍体物种。根据泰勒（Taylor）的研究记录，两个物种有 26 条染色体（n=13），两种有 52 条染色体（n=26），其他的大约有 144 条染色体（n=72），

108 条染色体（n=54），或 72 条染色体（n=36）。还发现了有不同数量的其他物种。

蒂施勒（Tischler）在甘蔗（*Saccharum*）中发现，有些种族的染色体的单倍数目为 8、16 和 24(二价）条。布雷默（Bremer）发现了另外两个变种，一种单倍染色体为 40 条，另一种为 56 条，还有一些其他数目的。在这些组合中，有些可能是由于杂交造成的，但目前观察到的数目差异，究竟有多少源于杂交，目前尚不清楚。布雷默还研究了一些杂种的成熟分裂过程。

海尔本（Heilborn）指出，薹属（*Carex*）各物种的染色体数目差别很大，却没有明显的多倍系。现在，清楚地定义多倍体这个词的含义是很重要的。从第二章的染色体数目列表中可以看出，有几个数目显然构成了以 3 为基数的多倍系（9、15、24、27、33、36 和 42），还有一些数目构成了以 4 为基数的多倍系（16、24、28、32、36、40 和 56），还有一些以 7 为基数的多倍系（28、35、42 和 56）等，但作者认为，这些仅仅是数字关系，还不能被视为多倍系的证明。一个多倍系的染色体群必然包含一定数量的完整单倍染色体群，且一定是通过增加这种染色体群而产生的。然而，我们知道，例如 *C.pululifera* 的 9 条染色体并不是 3 个组，而是 3 条大号、4 条中号和 2 条小号染色体；又如 *C.ericetorum* 也没有这样的 5 组染色体群，而是 1 条中号和 14 条小号染色体。因此，这两个物种的染色体群不是通过增加同一染色体群产生的，而是通过其他方式。在酸模（*Rumex*）、罂粟（*Papaver*）、桔梗（*Callitriche*）、堇菜（*Viola*）、风铃草

（*Campanula*）和莴苣（*Lactuca*）属里也发现了有问题的多倍系。在车前（*Plantago*）（6 和 12）、滨藜属（*Atriplex*）（9 和 18）、茅膏菜（*Drosera*）（10 和 20）、长距兰（*Platanthera*）（21 和 63）里，发现了两种染色体数目，一种为另一种的 2 倍或 3 倍。朗利最近也报道说，山楂（*hawthorns*）和覆盆子（*raspberries*）显示出广泛的多倍性。

第十二章
异倍体

染色体的分裂或分离中的不规则现象，偶尔会导致染色体群内增加一条染色体或丢失一条染色体。只要染色体群中丢失或增加一条或多条染色体，就会产生一个新数目的染色体群，称为异倍型。另一个类型，三体型，被用于一种染色体有 3 条的情况（与每类染色体都有 3 条的三倍体不同），三体型与三倍体中的特定染色体的号数联写，例如，果蝇的三体 - Ⅳ。这样一条额外染色体，以前被称为超数染色体或 m 染色体。

一对染色体中缺失一条时，用术语单体加上该染色体的名号来命名，如果蝇的单体 - Ⅳ型。

已经发现，某些待霄草的突变型与额外增加的第 15 号染色体有关。

正常的拉马克待霄草有 14 条染色体，lata 突变型和 semi-lata 突变型却有 15 条染色体，也就是说多了一条染色体（见图 100）。lata 型在许多小细节上与拉马克待霄草不同，尽管大多数差异非常小，甚至只有专家们才能辨别。盖茨认为，其中一个 lata 突变体的雄体几乎是完全不孕的，其种子产量也大大降低。在 semilata 型中，一个突变体产生了一些良好的花粉种子。

图 100　lata 型待霄草（仿安妮 · 卢茨）

盖茨的研究结果表明，在不同的后代中，lata 型的出现频率从 0.1% 到 1.8% 不等。

有 15 条染色体的突变体的花粉，在成熟时有 8 条染色体：7 条是成对的，1 条是单染色体。成对的染色体在第一次成熟分裂时，接合的 2 条分离并走到相反的两极。单染色体此时并不分裂，而是完整地走到一极。在某些情况下，成熟分裂中也会出现一些不规则现象，但是否由额外的染色体引起的，尚不清楚，尽管盖茨指出这些不规则现象，在三体 – Ⅳ型个体中，不规则的情况比正常个体更频繁地出现。

从 15 条染色体型预期可得出两种生殖细胞：一种有 8 条染色体，一种有 7 条。现已证明这两型都有。从遗传学的角度来看，lata 型同正常型杂交，应该产生同等数量的 lata 型（8+7）和正常型（7+7）的后代，这也与实际结果相符。

有关三体型的最有趣问题是，究竟哪一条会成为超染色体。由于有 7 种染色体，所以任何类的染色体都可能出现为三体型。德弗里斯最近提出，在待霄草里有 7 种三体型，与 7 个可能的超数染色体相对应。

应该注意的是，含有两个超数染色体（同类或异类）的四体型，可能不像三体型那样容易生存。众所周知，这种四体型是存在的。例如，三体型的精子和卵子各含 8 条染色体，两者受精，很有可能形成具有两个同类超数染色体的个体，这就产生了染色体的四体型。就每个生殖细胞内各含 8 对染色体而言，这种四体型将是稳定的，但它可能不如只含一条额外染色体的三倍型平衡。已有关于 16 条染色体类型的记录，它们可能来自 15 条染色体的三体型，因此可能是同一染色体的倍数，但关于它们的相对存活力，还没有相关报道。

根据经验，任何一对染色体都有可能在三体型产生四体型过程中重复。不过，即使这样能满足稳定要求，但由于更重要的基因平衡因素，会使染色体对无法持续增加下去。染色体数目愈多，基因间的比率变化愈小，其初始阶段的不平衡轻于染色体数目较少的物种。

在果蝇中，布里奇斯发现了第四小染色体的三体型，由于这条小染色体中存在 3 个遗传因子，因此不仅可以研究受额外第四染色体影响的性状，而且可以研究这种状况对一般遗传问题的影响。另一方面，人们发现，拥有 3 条 X 染色体的个体，通常不会存活，拥有第二或第三染色体的三体型，也不能生存。

三体 – Ⅳ型果蝇与普通果蝇没有明显的区别，所以，很难将二者区分开来。与普通果蝇相比，三体 – Ⅳ型果蝇体色稍深，胸部缺少三叉纹标记（见图 32），眼稍小，表面光滑，翅膀比野生型的窄而尖。这些细小的差别是受额外第四染色体的影响，这点通过细胞学证明（见图 32）和遗传学实验得到了证明。当三体 – Ⅳ型果蝇同无眼蝇杂交时（无眼蝇是一个第四染色体的隐性突变型），一些子代果蝇，可以通过上述性状鉴定是三体 – Ⅳ型。再让这种三体 – Ⅳ型与无眼型回交（见图 33），如果一个正常基因对于两个无眼基因是显性的，产生孙代则有完全眼和“无眼”两种，其比例大约为 5∶1。

孙代中含有两条普通第四染色体同一条无眼第四染色体的三体 – Ⅳ型果蝇（以上述方式获得）交配，会产生大约 26 只完全眼果蝇和 1 只无眼型果蝇。

在上述杂交里，可能会产生一些有 4 条第四染色体的果蝇，因为半数的卵子和半数的精子各有两条第四染色体。如果这种四体型果蝇可以发育，预计完全眼与无眼的比例是 35∶1。而实际得到的比例（26∶1）与预计比例（假设四体型果蝇能够存活）不一致，是由于四体型果蝇死亡的缘故。事实上，并没有发现这种四体型果蝇，这意味着这些第四染色体虽然微小，但当该染色体有 4 条存在时，就破坏了基因的平衡，从而导致了这样的个体不能发育到成虫。

和这种四体型相反，还有一种异倍型果蝇，即单数 – Ⅳ型（见图 29），缺少一条第四小染色体。这种类型出现得非常频繁，这说明小染色体有时会在生殖细胞内丢失，因为在减数分裂时两条同入一极。单数 – Ⅳ型果蝇的体色较浅，但胸部三叉纹明显，眼大且表面粗糙，刚毛细长，双翅略短，芒刺退化甚至没有。所有这些性状都与三体型的性状相反。如果第四染色体含有影响蝇体许多性状的基因，那么这些差异也就不足为奇了。这些影响会因额外染色体的存在而加强，因一条染色体缺少而减弱。单数 – Ⅳ型比正常果蝇孵化时间晚四五天；单数 – Ⅳ型通常不孕，产卵很少，死亡率很高。现有的大量细胞学和遗传学证据表明，这些果蝇的特殊性归因于一条染色体的缺失。

到目前为止，缺少两条第四染色体的果蝇还没有被发现，根据两条单数 – Ⅳ型果蝇交配得到的子代的比率（130 只单数 – Ⅳ型，100 只正常型），完全没有第四染色体的果蝇会死亡。

双倍型无眼型果蝇同第四染色体上有野生型基因的单数 – Ⅳ果蝇交配，一些子代是无眼的，而且一定是单数 – Ⅳ型。理论上讲，应该有一半的子代是无眼的，但由于无眼基因在单条第四染色体中的存在，降低了单倍型的期望存活率，仅为预期的 98%，这种关系也适用于其他隐性突变型（弯翅和剃毛）存在于单条第四染色体中的情况。根据布里奇斯的研究，弯翅型的存活率降低了 95%，而剃毛型则是降低了 100%，也就是说，单数 - 剃毛型的果蝇不能发育。

曼陀罗（*Datura stramonium*）有 24 条染色体。布莱克斯利和贝林发现许多栽培型有 25 条染色体（2*n*+1），多半分属于 12 个类型，各有一条不同的额外染色体。这 12 个三倍型（2*n*+1）所表现出的轻微而恒定的差异，涉及植物的所有部分。这些差异在蒴果中得到了充分的体现（见图 101）。其中至少有两型（三体 - 球型和三体 –poinsettia）在额外染色体内存在孟德尔式因子，布莱克斯利、埃弗里（Avery）、法纳姆和贝林已经证明，这两种类型中的第 25 号染色体是彼此不同的。特别是三体 –poinsettia，一条带有紫茎白花色基因的额外染色体，对遗传的影响最为明显。

从这里可以看出，那些含额外染色体的生殖细胞比正常型的存活较少，而减少了某些预测类型的数字。事实上，这些生殖细胞（*n*+1）根本没有通过花粉传递（或只传递很小一部分），而且通过卵子传递的也只占大约 30%。综合考虑这些因素，那么研究结果与预测数据就会一致了。

在对曼陀罗三体型的研究中，布莱克斯利和贝林发现大约有 12 种不同的类型，同属于 2*n*+1 或三体系。由于只有 12 对染色体，预计只有 12 个单纯的三体型，事实证明只有 12 个初级三体型。其余的被称为次级三体型，似乎各属于 12 种截然不同的类型中的一种（见图 102）。证据来自几个方面：外部外观的相似性，内部结构（如 Sinnott 所证明的），相似的遗传方式（有标记的染色

图 101 曼陀罗蒴果的各种突变型

曼陀罗的正常型蒴果，以及 12 种可能的三体型蒴果（仿布莱克斯利，载于《遗传学》杂志）。

体，发生同样的三体型遗传），该群的一型与另一型相互作用，以及额外染色体的体积大小（贝林）等。

图 102　曼陀罗二倍体（$2n$）的蒴果与 $2n+1$、$2n+2$ 两型的蒴果对比（仿布莱克斯利，载于《遗传学》杂志）

表 10 表示一个初级型及其次级型，这些都是由三倍体产生出来的。

表 10 由三倍体产生的（$2n+1$）初级型与次级型
（初级型用大写字母代表，次级型用小写字母代表）

	3n 自交	3n × 2n	共计		3n 自交	3n × 2n	共计
1.GLOBE	5	46	51	8.BUCKLING	9	48	57
2.POINSETTIA	5	34	39	Strawberry	—	—	—
Wiry	—	—	—	Maple	—	—	—
3.COCKLEBUR	6	32	38	9.GLOSSY	2	30	32
Wedge	—	1	1	10.MICROCARPIC	4	46	50
4.ILEX	4	33	37	11.ELONGATE	2	30	32
5.ECHINUS	3	15	18	Undulate	—	—	—
Mutilated	—	（2？）	（？）	12.SPINACH（？）	—	2	2
Nubbin（？）	—	—	—	共计（2n+1）	43	381	424
6.ROLLED	—	24	24	（2n+1+1）	11	101	112
Sugarloaf	—	—	—	2n	30	215	248
Polycarpic	—	—	—	4n	3	—	3
7.REDUCED	3	38	41	总计	$\overline{87}$	$\overline{697}$	$\overline{784}$

注：数字上的线表明这些数字是统计值。

初级型和次级型的自然发生频次如表 11 所示。其中，初级型比次级型出现的更频繁。繁育实验表明，初级型偶尔会产生次级型，但次级型产生初级型的频次，高于产生属于其他群的新突变型的频次。因此，在 POINSETTIA 型的 31000 个子代植株中，约有 28% 是 POINSETTIA，约有 0.25% 是次级型 Wiry。相反，当 Wiry 为亲株时，大约只有 0.75% 的子代植株是初级型 POINSETTIA。

表 11 初级型与次级型（2*n* + 1）突变体自然发生频次

（初级型用大写字母代表，次级型用小写字母代表）

	亲型为2*n*	亲型为不同群的2*n*+1	共计		亲型为2*n*	亲型为不同群的2*n*+1	共计
1.GLOBE	41	107	148	8.BUCKLING	27	71	98
2.POINSETTIA	28	47	75	Strawberry	1	1	2
Wiry	—	1	1	Maple	—	2	2
3.COCKLEBUR	7	17	24	9.GLOSSY	8	11	19
Wedge	—	—	—	10.MLCROCARPIC	64	100	164
4.ILEX	19	27	46	11.ELONG ATE	—	2	2
5.ECHINUS	10	11	21	Undulate		1	1
Mutilated	2	4	6	12.SPINACH（?）	6	4	10
Nubbin（?）	1	—	1	共计（2*n* + 1）	269	506	775
6.ROLLED	24	47	71	同群的（2*n* + 1）型		22123	22123
Sugarloaf	3	9	12	2n	32523	70281	102804
Polycarpic	3	—	3	总计	32792	92910	125027
7.REDUCED	25	44	69				

Wedge 为 Cocklebur 群中的一个次级型。Wedge 型的育种实验为次级型与初级型的关系提供了以下证据。POINSETTIA 和它的次级型 Wiry 在 P、p 两个色素因子的遗传上，都得出了三体型比率，但在 Spine 因子 A、a 遗传上却得出二体型比率，这表明 POINSETTIA 和 Wiry 的额外染色体都在含因子 P、p 的一组中，而不属于含因子 A、a 的一组。同样，Cocklebur 里的比率表明，这个初级型的额外染色体在含因子 A、a 的一组中，而不属于含因子 P、p 的一组。然而，它的次级型 Wedge 没有得出 A、a 的三体型比率。实际得到的比率类似于二体型，而非三体型遗传中的比率，这似乎表明 Wedge 型的额外染色体已经缺少了 A、a 基因

点，因为有强有力的证据表明它是Cocklebur的次级型。如果A′表示发生缺失后的染色体，在Wedge型的减数分裂中，A和a分开走到了相反的两极，那么，将会产生A+a+AA′+aA′四种配子，这种行为可以解释表11中第五项的比率。如果A′为A因子的缺失，则aA′配子将不含A因子，因此得出实际的armed和inermis Wedge之间的二体型比率，表中没有显示。如果A和a偶尔同入一极，则配子将是A′（可能会死亡）和Aa两种，因而促成了Wedge有时会产生初级型Cocklebur。

贝林在细胞学方面的发现，有力支持了“次级型”额外染色体缺失的假说。他的颠倒交换假说，是通过提示一部分染色体的加倍以及剩余部分的缺失，来完成这一假说的。

四倍型曼陀罗中增加一条染色体，也有报道，如图103所示，其中一群有5条相同的染色体，而另一群则有6条相同的染色体。

贝林和布莱克斯利研究了曼陀罗初级三体型和次级三体型中3条染色体的接合方式，并发现了某些差异，对于理解这两型之间的关系颇有启发。

图104的上行中，初级型3条染色体的各种接合方式，各型出现的次数，显示在下面的数字中。其中，三价V是最常见的联合形式（48），其次是环－棒型（33），然后是Y型（17），直链（9），环型（1），双环型（1），以及两条成环，另一条独立（9+）。由于染色体被认为是通过相同的两端靠拢、接合在一起的，因此有理由认为，在这些各型里，相同的两端（A和A，Z和Z）仍然是互相接触的（见图104上行）。

图 103　曼陀罗的四倍体与异体四倍型

上半部为四倍体蒴果，下半部为 4n+1、4n+2 和 4n+3 的各型蒴果（仿布莱克斯利，载于《遗传学》杂志）。

在图 104 的下行中，显示了次级型的 3 条染色体联合的不同方式。一般来说，这些类型与初级型大致相同，但发生频率不同。最明显的性状见于最后两型（右侧）。其中一型是由 3 条染色体群组成的长环，另一型是由两条染色体群组成的环和另一小单环染色体。这两型表明，在某种程度上，一条染色体的末端已

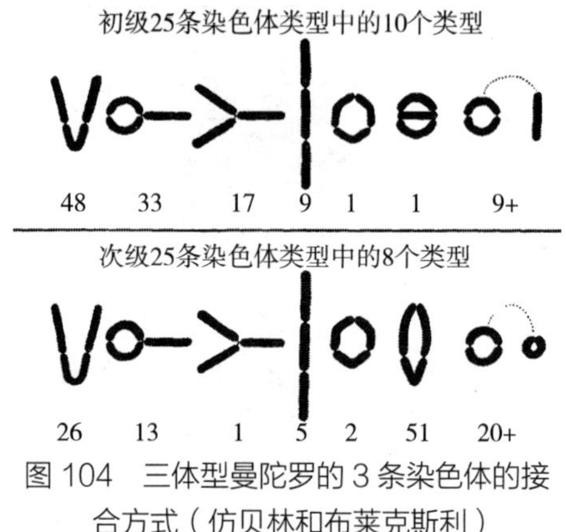

图 104　三体型曼陀罗的 3 条染色体的接合方式（仿贝林和布莱克斯利）

经被改变。在三倍体亲株或初级三价型的前一阶段内，这种变化是如何发生的，贝林和布莱克斯利提出以下假设：例如，假设两条染色体如图 105 所示的那样颠倒位置，相并接合、中央部分交换，即只有相同基因并列为唯一平面上交换。结果将产生两条两端相同的染色体，即一条染色体的两端是 A 和 A，另一条是 Z 和 Z。如果这样的染色体在下一代成为三价染色体中的一条，便有可能构建如图 106 所示的那种联合方式，一个 Z–Z 染色体与两个正常的染色体结合，相同的两端彼此接合。

如果这些次级型特有的环能够按照上述解释的那样，那么，在三价染色体中，有一条染色体的一半会有重复，从而与其他两条不同。因此，次级染色体具有与初级染色体不同的基因组合。

桑田义备（Kmvada）宣称，玉蜀黍（*Zeamays*）有 20 条染色体（n=10），但某些糖质玉蜀黍有 21 条、22 条，甚至 23 条或 24 条染色体。桑田义备认为，玉蜀黍是杂种，其新型中有一种是

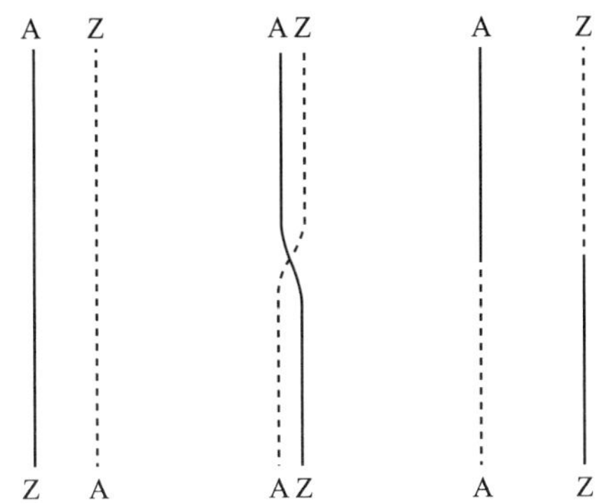

图 105　两条染色体的可能接合，方向相反时

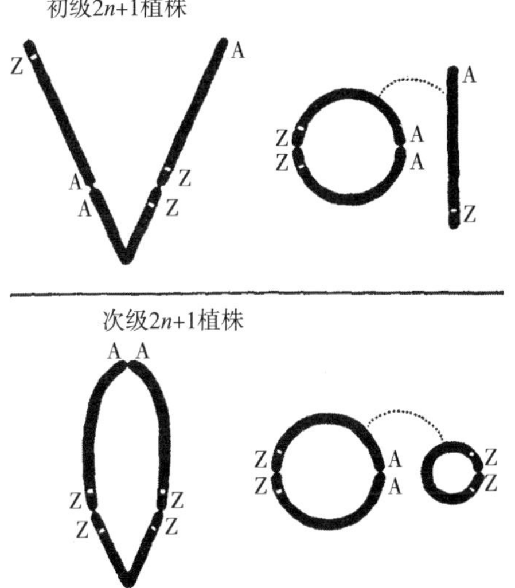

图 106　三体型曼陀罗 3 条染色体可能有的接合类型（仿贝林和布莱克斯利）

墨西哥大刍草种（*Euchlaena*）。他认为，玉蜀黍的一对染色体中，较长的一条来自大刍草，另一条短的由一些无名物种传递而来。

较长的那条染色体有时会断成两截，由此说明了在糖质玉蜀黍中发现的染色体增加的现象。如果这种解释得到验证（最近受到质疑），那么以上这些21、22和23条染色体类型就都不是严格的三体型了。

德弗里斯关于拉马克待霄草额外染色体的结论，对渐进式突变的起源的解释，也就是关于突变与进化的关系的解释有重大意义。在三体型性状中，经常观察到的个体性状的众多微小变化，满足了德弗里斯关于构成初级物种的早期定义，好像瞬间出现了两种初级物种的定义。

应该注意到，就生殖物质而言，当染色体增加一条而产生突变效应时，其结果是遗传单元实际数目的巨大改变。这种变化不可能与单个化学分子的改变相提并论。除非把染色体作为一个单元来看，这样的比较才有意义。但从基因的观点来看，染色体的组成是很难符合这种比较的。

按照我的理解，这些异倍体的主要贡献在于：它们可以用来解释遗传情况的一种特殊而有趣的情况，即细胞分裂和成熟分裂机制偶尔的不稳定行为引起的情况。不稳定类型产生了，就其维持自身而言，是通过保持不稳定来实现的，也就是说，多了一条额外染色体。在这一点上，它们明显不同于正常的类型和物种。此外，大多数证据表明，这些异倍体的生命力，并不像它们亲本的平衡型那么强，因此在不同的环境中，很少能够取代原种。

不过，异倍体的发生必须被视为一个重大的遗传事件，对它们的了解有望澄清许多情况，如果没有研究它们的染色体的知识，这些情况是令人费解的。

德弗里斯鉴定了6个三体突变型，还鉴定了第七型，第七型与其他六型在遗传学上的关系，比六型相互之间的遗传学关系，有着更显著的差异。德弗里斯认为，这7个类型可能对应待霄草的7条染色体。其中六型的相应的染色体群如图107所示。

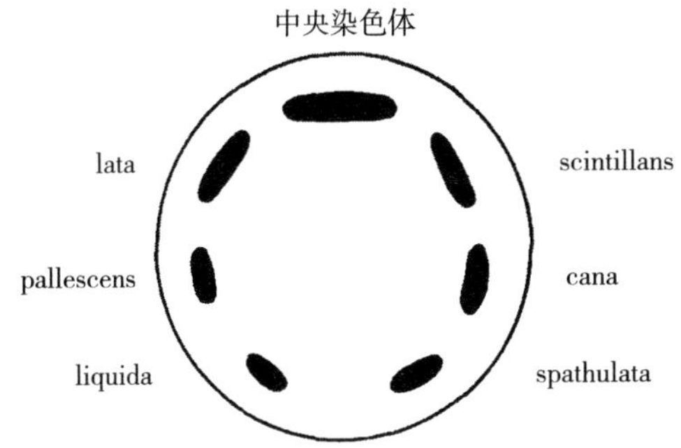

图107 德弗里斯描述的拉马克待霄草的7条染色体同三体突变型的相互关系（仿德弗里斯和波迪恩）

15条染色体突变型，如表12所示。6个初级突变型之下，各有若干次级型。初级型与次级型的相互关系，不仅表现在性状的相似性上，还表现两者相互产生的频次上。其中，albida和oblonga两型，各有两种卵，但只有一种花粉，被称为one-and-one-half或esquiplex突变体。另一次级型candicans，也是一个sesquiplex型。该组的中心或最大的“染色体”上有velutina或lata的“因子”，如图107所示。德弗里斯根据舒尔提供的证据，将新突变型funifolia和pervirens也归于它们之中。

表 12　15 条染色体突变型

序号	初级型	次级型
1	lata 群	a.semi-lata
		b.sesquiplex 突变型：albida，flava，delata
		c.subovata，sublinearis
2	scintillans 群	a.sesquiplex 突变型：oblonga，aurita，auricula，nitens，distans
		b.diluta，militaris，venusta
3	cana 群	candicans
4	pallescens 群	lactuca
5	liquida	
6	spathulata	

因此，按照舒尔的说法，拉马克待霄草的其他五型的突变体，[①]以及致使这些因子维持平衡致死状态的若干致死因子，似乎多半属于这一群。这些隐性性状的出现，是由于这里暂时鉴定为中央染色体的一对染色体之间发生了交换的缘故。

① 红萼（Rubricalyx）芽体，以及它的 4 个等位因子：红茎（强化因子）、短株、桃色锥状芽、七色花。

第十三章
物种杂交与染色体数目的变化

从不同染色体数目的物种相互杂交的结果中，可以发现一些有趣的关系。一个物种的染色体数目可能正好是另一物种的 2 倍或 3 倍，在其他情况下，数目较多的染色体群也许不是另一群的倍数。

最经典的案例是在 1903 年到 1904 年，罗森伯格对两种茅膏菜进行的杂交试验。

茅膏菜长叶种（*longifolia*）有 40 条染色体（n=20），圆叶种（*rotundifolia*）有 20 条染色体（n=10），如图 108 所示。杂种有 30 条染色体（20+10）。在杂种生殖细胞成熟时，有 10 条接合染色体，通常称为二价染色体，还有 10 条单染色体（单价染色体）。罗森伯格的解释是，10 条长叶种与 10 条圆叶种的染色体联合，长叶种的其他 10 条则没有配偶。在生殖细胞的第一次分裂时，接合染色体各分为两条，分别去到相反的两极；10 条单染色体不规则地分布在子细胞内，没有分裂。可惜这样的杂种是不孕的，不能用于进一步的遗传学研究。

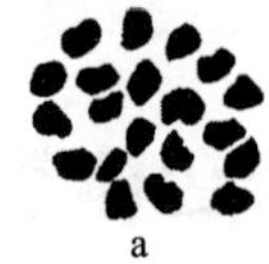

a　　　　　　b

图 108　圆叶茅膏菜的二倍染色体群和单倍染色体群
（仿罗森伯格）

古斯比（Godspeed）和克劳森已经广泛研究了两种烟草品种（*N.Tabacum* 同 *N.sylvestris*）之间的杂交。但最近才确定了两者染色体的数目：*N.Tabacum* 有 24 条（*n*=12），*N.sylvestris* 有 48 条（*n*=24）。这种染色体数目的差异，还没有与遗传学研究的结果联系起来；染色体在成熟期的行为也还没有相关报告。

这两个物种的杂种，在每一个方面都与 *Tabacum* 亲型相似，即使该亲型是纯正的，其基因对 *Tabacum* 型的正常因子表现为隐性（即同 *Tabacum* 变种或种族的杂交中）。古斯比和克劳森对这一结果的解释是，*Tabacum* 基因作为一个群体，对于 *sylvestris* 的基因呈现显性作用。他们这样表述：烟草的“反应系”，在杂种的胚胎发育过程中占优势，或者说这两系的要素间在很大程度上一定是相互矛盾的。

杂种是高度不孕的，但会形成一些有作用的胚珠。正如育种结果所显示的，这些有作用的胚珠完全（或主要）是纯正的 *Tabacum* 型或纯正的 *sylvestris* 型。因此，在杂种里，似乎只有那些具备任一型的整组（或几乎是整组的）染色体的胚珠，才是有作用的。这一观点是基于以下的实验。

杂种同 *sylvestris* 的花粉受精，会产生多种类型，其中有相当一部分植株的所有性状都是纯正的 *sylvestris* 型。这些植株是可孕的，而且是真正的木本植物。所以必须假设它们是由带有木本植物染色体群的胚珠同木本植物的花粉受精而来。也有一些植株与 *sylvestris* 相似，但含有可能来自 *Tabacum* 染色体群的其他元素，它们没有生殖能力。

杂种同 *Tabacum* 回交，没有成功，但田间出现了一些自由授粉的杂种，它们与 *Tabacum* 相似，无疑是和 *Tabacum* 的花粉受精而成。其中一些是可孕的。它们的后代从未显示出 *sylvestris* 的性状。它们含有的 *Tabacum* 基因，都表现出了分离现象。该系列中也有不孕的植株，类似于 *Tabacum* 和 *sylvestris* 的子代（F_1）杂种。

这些不寻常的结果，还有另一方面的重要作用。子代杂种可以通过两种方法获得，也就是说，任何一个物种都可以成为胚珠亲型。由此可见，即使是在 *sylvestris* 的胞质里，*Tabacum* 的基因群也完全决定了个体的性状。这是基因在决定个体性状方面的影响的有力证据，因为这一结果是由差异很大的两个物种胞质得到的。

克劳森和古斯比提出的反应系的观念虽然新颖，但原则上并不与基因的一般解释相矛盾。这仅仅意味着：当把 *sylvestris* 的单组基因与 *Tabacum* 的单组基因相对立时，*sylvestris* 的基因完全潜伏，毫无作用。但 *sylvestris* 的染色体仍然保留了它们的性状，它们没有被淘汰或损伤，因为在同 *sylvestris* 亲株的回交中，可以重新获得一组有作用的 *sylvestris* 染色体。

巴布科克（Babcock）和柯林斯（Collins）已经对黄鹌菜

（*Crepis*）的不同物种进行了广泛的杂交。曼恩女士（1925）也研究了这些杂种的染色体。

柯林斯和曼恩已经将具有 8 条染色体（*n*=4）的 *Crepis setosa* 同具有 6 条染色体（*n*=3）的 *C.capillaris* 进行了杂交，该杂种有 7 条染色体。在成熟期，一些染色体结合成对，其他染色体不经分裂而散布在花粉母细胞内，形成具有 2 至 6 条染色体的胞核。在第二次分裂时，所有的染色体，至少是在数目较大的染色体群里，都会各自分裂，子染色体分别进入相反的两极。胞质通常分裂成 4 个细胞，但有时也分裂成 2 粒、3 粒、5 粒或 6 粒小孢子。

这些含 7 条染色体的杂种不能产生有作用的花粉，但有些胚珠是有作用的。当杂种胚珠同其中一个亲株的花粉受精时，得到了 5 株各有 8 条和 7 条染色体的植株。对具有 8 条染色体的一株的成熟阶段研究发现，它有 4 条二价染色体，分裂正常。该植株的性状与 *Crepis setosa* 相似，并具有相同类型的染色体，这样便恢复了一个亲型。

另一个杂交是在具有 40 条染色体（*n*=20）的 *Crepis biennis* 和具有 8 条染色体（*n*=4）的 *Crepis setosa* 之间进行的（见图 109），杂种有 24 条染色体（20+4）。在杂种生殖细胞成熟时，至少有 10 条二价染色体存在，还有一些单价染色体。由此可见，一些 *biennis* 染色体必须相互接合，因为 *setosa* 只提供了 4 条染色体。在随后的细胞分裂时，有 2 至 4 条染色体滞后于其他染色体，但在大多数情况下，最终都进入一个胞核。

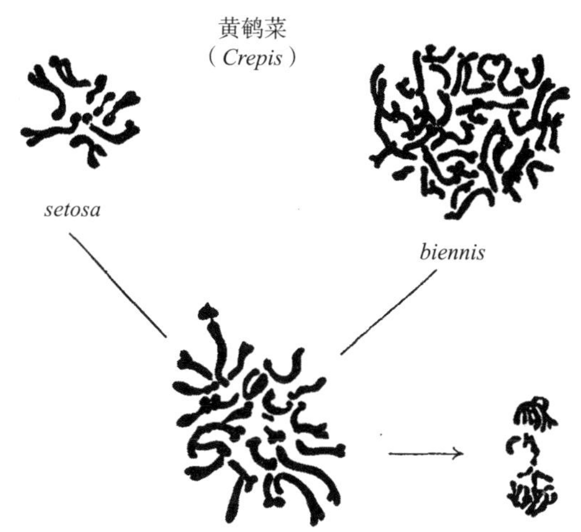

图 109　*Crepis setosa* 和 *C.biennis* 黄鹌菜及其杂种的染色体群（仿柯林斯和曼恩）

子代杂种是可孕的。它们产生的孙代（F_2）植物具有 24 条或 25 条染色体。这里似乎有可能产生新的稳定类型，具有新的染色体数目，其中，可能有一对或多对来自染色体数目较小的物种。杂种里有 10 条二价染色体的事实表明，*Crepis biennis* 是一个多倍体，可能是一个八倍体。子代杂种的同类染色体联合成对。其染色体数目只有 *biennis* 的一半的杂种 F_1，是一年生植物，而 *biennis* 本身是两年生的。染色体数目的减半引起了生活习性的改变，其植株的成熟时间只有两年生型的一半。

朗利描述了两型的墨西哥大刍草（*teosinte*），一型是一年生（*mexicana*），有 20 条染色体（n=10），另一型是多年生（*perennis*），有 40 条染色体（n=20）。两种植物都有正常的减数分裂。用一年生的二倍体大刍草（n=10）同玉蜀黍（n=10）杂交，其杂种有20条染色体，成熟时，杂种生殖细胞内各有10条二价染色体。这通常被解释为大刍草的10条染色体与玉蜀黍的10条染色体之间的联合。

多年生的大刍草（n=20）同玉蜀黍（n=10）杂交，其杂种有30条染色体。在杂种的花粉母细胞第一次成熟分裂时，发现一些松散接合在一起的三价染色体群，一些二价染色体群，以及一些数量不等的单染色体，三者之间的比例为4∶6∶6或1∶9∶9或2∶10∶4；如图110 b所示。在第一次成熟分裂时，二价染色体各自分裂，两条染色体分别进入相反的两极；三价染色体也进行分裂，两条同入一极，另一条进入另一极；单染色体行动迟缓，不规则地分布在两极（没有分裂），如图110c所示。结果是一个极不平衡的分布。

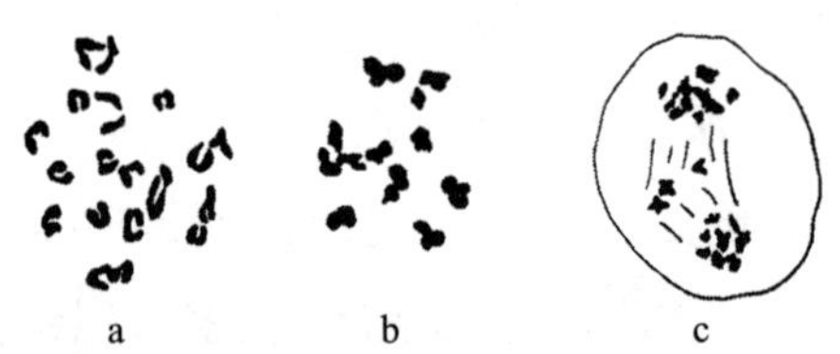

图110　多年生及一年生墨西哥大刍草减数的染色体群

a：多年生大刍草；b：同玉蜀黍杂交后的杂种；c：玉蜀黍的减数分裂（仿朗利）。

最近有一个案例表述，染色体数目差别很大的两个物种杂交，产生了有生殖能力、稳定的新型杂种。Ljungdahl（1924）将具有

14 条染色体（*n*=7）的罂粟 *Papaver nudicaule* 同具有 70 条染色体（*n*=35）的 *P.striatocarpum* 进行杂交（见图 111）。该杂种有 42 条染色体。杂种的生殖细胞成熟时，有 21 条二价染色体（见图 111b、c ~ e）。这些二价染色体分裂，每极各得 21 条染色体，这里没有单染色体出现，也没有一条染色体在纺锤体上滞留。这一结果只能解释为：*nudicaule* 的 7 条染色体与 *striatocarpum* 的 7 条染色体接合，剩余的 28 条染色体两两接合，产生 14 条二价染色体。这样就得到了 21 条二价染色体，正好是观察到的数字。由此可以自然而然地得出结论，有 70 条染色体（*n*=35）的 *striatocarpum* 型多数是一种十倍体，即每一类的染色体都有 10 条。

子代新型产生有 21 条染色体的生殖细胞，新型是平衡和稳定的。它也是可孕的，预期可产生其他新的稳定类型，从理论上讲也是可能的。如果子代新型同 *nudicaule* 进行回交，它应该产生四倍型（21+7=28）；同 *striatocarpum* 回交，应该产生八倍型（21+35=56）。这里，通过二倍体同十倍体的杂交，可以产生后世代中稳定的四倍体、六倍体和八倍体等类型。

费德用蛾属（*Pygaera*）物种做的实验（参考第九章）说明了一种非常不同的关系。由于染色体未能在杂种的生殖细胞内结合，双倍数目的染色体得以保留。这个双倍数目可以通过回交继续存在下去，但由于杂种缺乏生殖能力，在自然条件下，这些组合不可能产生任何永久性的类型。

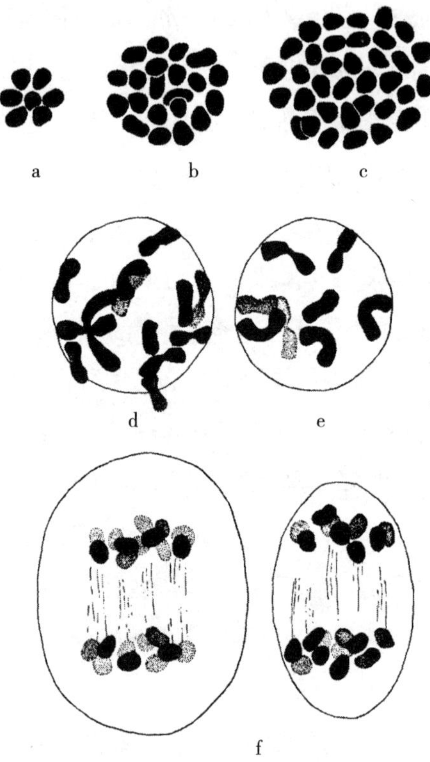

图 111　两种罂粟的杂交

a：*Papaver nudicaule* 有 14 条染色体（n=7）；b：杂种，有 42 条染色体（n=21）；c：*P.striatocarpum* 有 70 条染色体（n=35）；d ~ e：杂种的胚胎母细胞；f：杂种第一次成熟分裂后期（仿 Ljungdahl）。

第十四章
性别与基因

目前我们对性别决定机制的认知来自两个方面。细胞学者已经发现了某些染色体所发挥的作用，遗传学者则进一步发现了关于基因作用的重要事实。

已知有两种主要的性别决定机制：它们都涉及相同的原则，尽管起初看起来它们似乎完全相反。

第一型可称为昆虫型，因为昆虫为这种性别决定机制提供了最佳细胞学和遗传学材料。第二型可称为鸟型，因为我们在鸟类中找到了这种机制的细胞学和遗传学证据。这也适用于蛾类。

昆虫型（XX–XY）

在昆虫型中，雌虫有两条性染色体，称为 X 染色体（见图 109）。当雌虫的卵子成熟时（即卵子放出两个极体之后），染色体的数目减少到一半。于是每个成熟卵有一条 X 染色体，此外还有一组普通染色体。雄虫只有一条 X 染色体（见图 112）。在某些物种里，X 染色体孤立无偶；但在另一些物种里，X 染色体有一个配偶，被称为 Y 染色体（见图 113）。在一次成熟分裂时，X 和 Y 染色体各趋入两极（见图 113）。一个子细胞得 X 染色体，

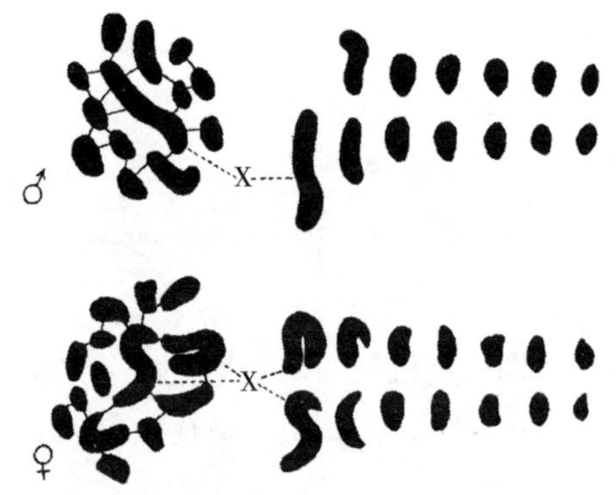

图 112　雄性和雌性 *Protenor* 的染色体群

雄虫有 1 条 X 染色体，没有 Y 染色体；雌虫有 2 条 X 染色体（仿威尔逊）。

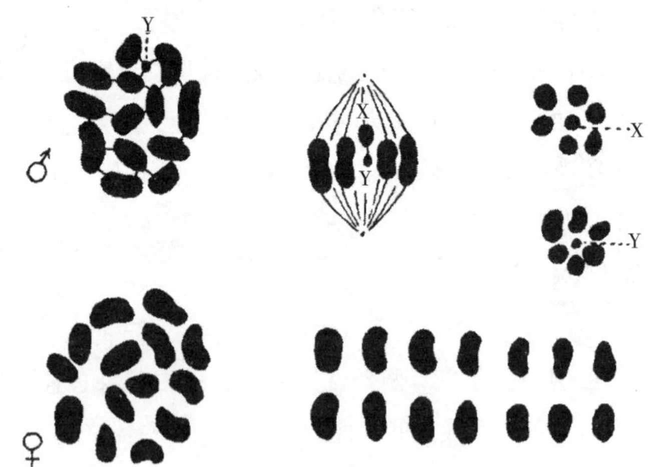

图 113　长蝽（*Lygaeus*）的雄型和雌型染色体群

雄虫有 1 条 X 和 1 条 Y 染色体；雌虫有 2 条 X 染色体（仿威尔逊）。

另一个则得 Y 染色体。在另一次成熟分裂时，每条染色体都各自分裂成子染色体。结果得到 4 个细胞，4 个细胞后来成为精子；其中两个各有一条 X 染色体，另两个各有一条 Y 染色体。

任何同 X 精子（见图 114）受精的卵子都会产生一个有两条 X 染色体的雌性。任何同 Y 精子受精的卵子都会产生雄性。由于两种卵子受精机会是相等的，因此，预计一半的子代为雌性，一半为雄性。

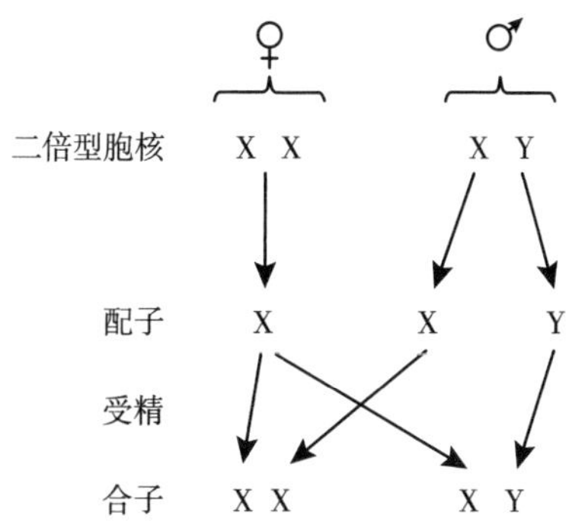

图 114　XX-XY 型的性别决定机制

通过这种机制，就可以解释一些看似不符合孟德尔式 3∶1 的比例，然而，经过仔细检查，发现这些表面上的例外情况，却间接证实了孟德尔第一定律。例如，一只白眼雌果蝇同一只红眼雄果蝇交配，其子代红眼蝇是雌性，白眼是雄性，如图 115 所示。

如果 X 染色体带有红眼和白眼的分化基因，那么，上面这个解释便明白了。子代雄蝇从白眼母蝇那里得到了 1 条 X 染色体；子代雌蝇也得到了母蝇的一条 X 染色体，但还有一条来自红眼父

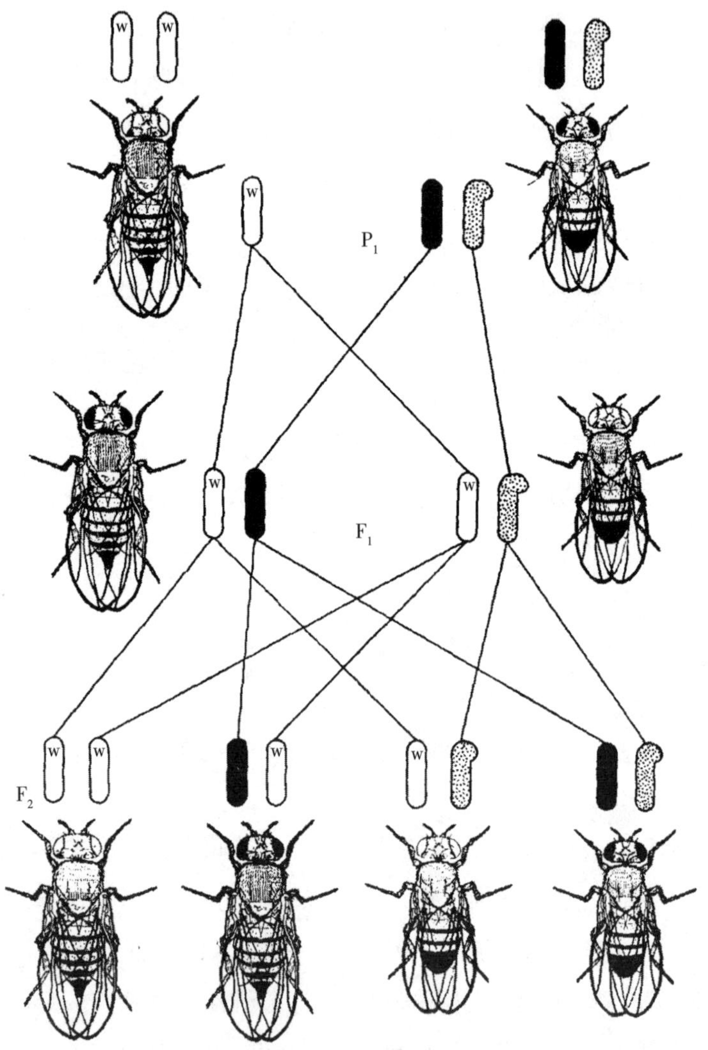

图 115　果蝇白眼性状的性连锁遗传

有白眼基因的 X 染色体，图中用 个白棒（w）表示。白眼基因的等位基因，即“红眼基因”用黑棒表示，Y 染色体上着细点。

蝇的 X 染色体。后者是显性的，所以子代雌蝇都有红眼。

如果子代雄蝇同子代雌蝇交配，孙代中会出现白眼的雌蝇、雄蝇和红眼的雌蝇、雄蝇，其比例为 1∶1∶1∶1。这个比例是由于 X 染色体的分布造成的，如图 115 中第三行所示。

顺便指出，细胞学和遗传学两方面的证据，尤其是遗传学证据，表明人类属于 XX–XO 型或 XX–XY 型。人类的染色体数目直到最近才被准确地确定下来。早期的观察结果给出的数值较小，已被证明是错误的，因为当细胞被保存时，染色体有成组黏连的趋势。据 De Winiwarter 给出的数字：女性有 48 条（n=24），男性有 47 条（见图 116a），这个数据已被佩恩特（Painter）证实，他的研究表明，男性中也有一条小染色体，作为较大 X 染色体的配偶（见图 117）。他把这两条染色体解释为一对 XY。如果是这样，则

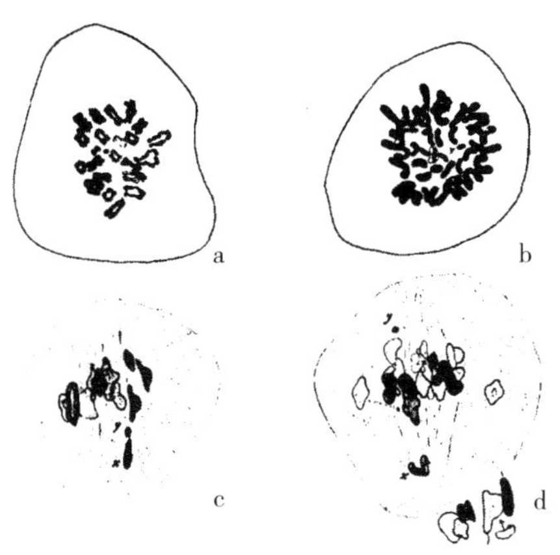

图 116　人的染色体群

a：据 De Winiwarter 描述的人类染色体群减数分裂；b：佩恩特描述的人类染色体群；c、d：据佩恩特描述，显示 X 染色体和 Y 染色体彼此分裂的侧视图。

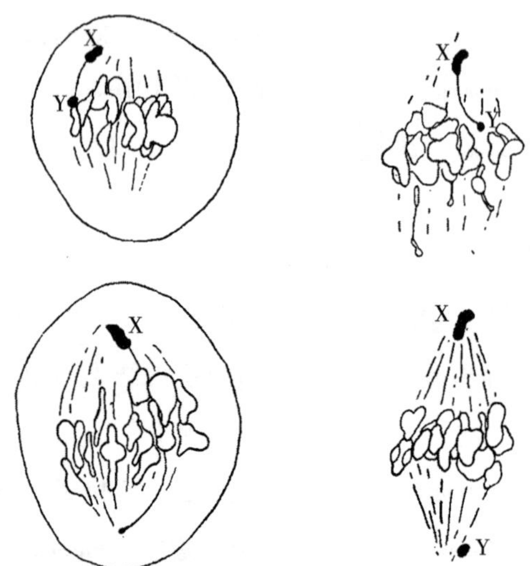

图117 人类生殖细胞的成熟分裂，X染色体和Y染色体在分离中（仿佩恩特）

男女都有48条染色体，只是在男性中，一对性染色体的大小不同。

最近，Oguma证实了De Winiwarter所观察到的数字，他发现男性中没有Y染色体。

人类性别的遗传证据是十分明确的。例如，血友病（或出血）、色盲以及其他两三种性状的遗传，都是按照白眼果蝇同样的方法遗传到后代。

以下各群动物属于XX–XY型或其变型XX–XO，其中O表示没有Y。据报道，除人类外，还有几种哺乳动物也属于这种机制，例如马和负鼠，可能还有豚鼠。两栖类动物可能也属于这种机制，硬骨鱼也是如此。除了鳞翅目（蛾类和蝶）外，大多数昆虫都属于这类。但膜翅类（*Hymenoptera*）的性别是另一种决定机制（见下文）。线虫（*Nematodes*）和海胆也属于XX–XO型。

鸟型（WZ-ZZ）

另一种性别决定机制是鸟型，如图 118 所示。雄鸟有两条类似的性染色体，可称为 ZZ。这两条染色体在一次成熟分裂时彼此分离，于是每个成熟的精子都有 1 条 Z 染色体，雌鸟有 1 条 Z 染色体和 1 条 W 染色体。卵子成熟时，每个卵子会留下染色体中的 1 条。所以，半数的卵子有 1 条 Z，半数的卵子有 1 条 W。任何 W 卵子同 Z 精子受精都会成雌鸟（WZ）。任何 Z 卵子同 Z 精子受精都会成雄鸟（ZZ）。

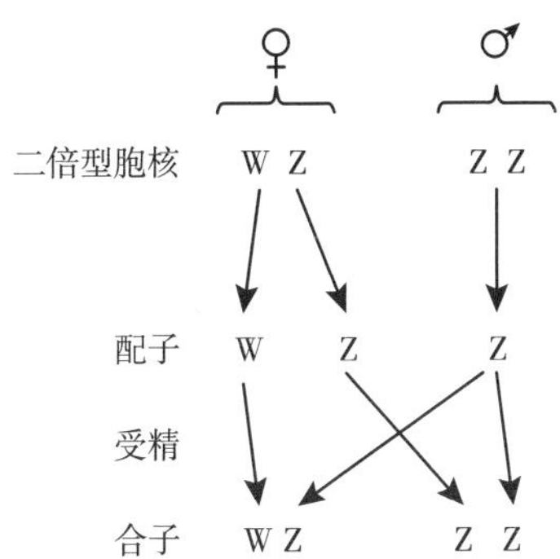

图 118　WZ-ZZ 型的性别决定机制

这里，我们再次发现一种自动产生同等数量的雌雄两种个体的机制。和前例一样，从受精时所发生的染色体组合，产生了 1 : 1 的性别比率。鸟类中这种机制的证据来自细胞学和遗传学，不过细胞学证据还不十分令人满意。

根据 Stevens 的研究，公鸡似乎有两条大小相等的长染色体，如图 119 所示，假设是 ZZ；母鸡只有 1 条长染色体。Shiwago 和汉斯证实了这种关系。

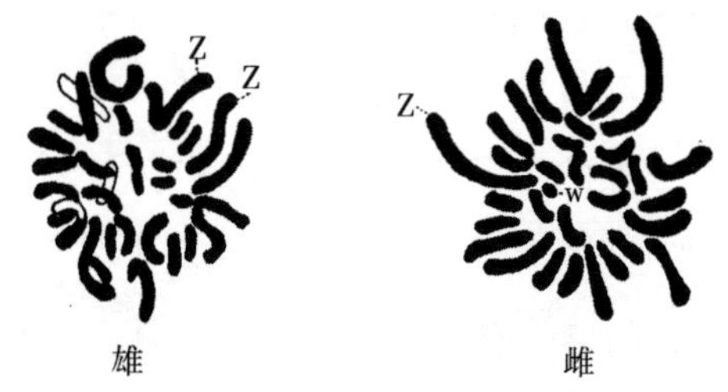

图 119　公鸡和母鸡的染色体群（仿 Shiwago）

鸟类的遗传证据是无可争议的。这些证据来自性别连锁遗传。如果一只黑色狼山公鸡与一只 *Plymouth Rock* 母鸡交配，子代公鸡都有花纹，母鸡都是黑色（见图 120）。如果 Z 染色体上带有分化基因，则这种结果在意料之中，因为子代母鸡从父方得到了单一 Z 染色体。如果子代母鸡和公鸡交配，会得出公鸡和母鸡的花纹和黑色共四种，其比例是 1∶1∶1∶1。

在蛾类中也发现了类似的机制，但其细胞学证据更加明确。当尺蠖蛾（*Abraxas*）较深的野生型雌蛾同较浅的突变型雄蛾交配时，其子代的雌蛾颜色较浅，像父方；子代雄蛾的颜色较深，像母方（见图 121）。子代雌蛾从父方那里得到 1 条 Z；子代雄蛾也从父方那里得到 1 条 Z，但还从母方那里得到了另 1 条 Z。母方的 Z 上的深色基因为显性，因此子代雄蛾的颜色较深。

田中义麿（Tanaka）发现了蚕幼虫的半透明皮肤是一个性别连锁性状，就像是借 Z 染色体遗传到下一代。

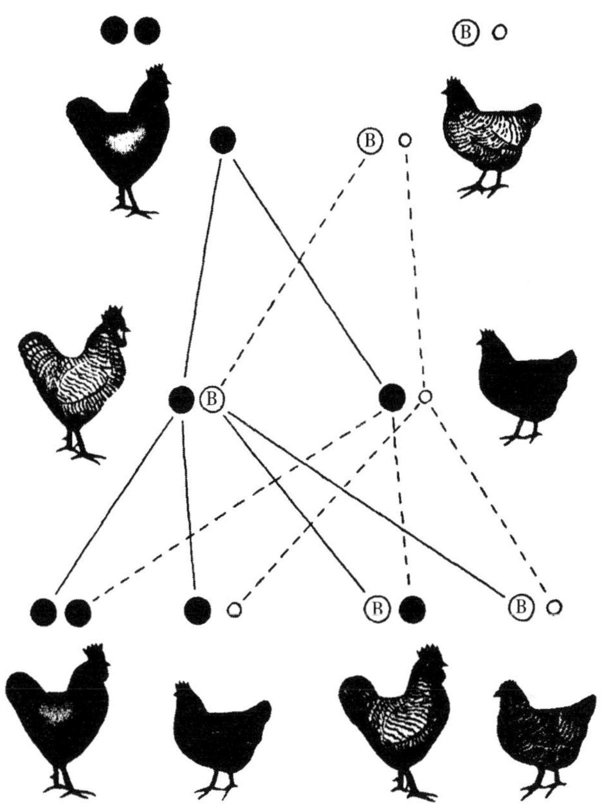

图 120　黑鸡（●）同花纹（Ⓑ）杂交，说明其性连锁遗传

在蛾类 *Fumea casta* 中，雌蛾有 61 条染色体，雄蛾有 62 条。染色体在卵中结合后，有 31 条染色体（见图 122a）。在第一次分裂出极体时，30 条染色体（二价染色体）各自分裂并走到相反的两极；第 31 号单染色体未分裂地走到任何一极（见图 122b、b′）。结果，半数的卵子将会有 31 条染色体，另一半则有 30 条染色体。在第二极体分出时，所有染色体分裂，每个卵子的染色体数量和

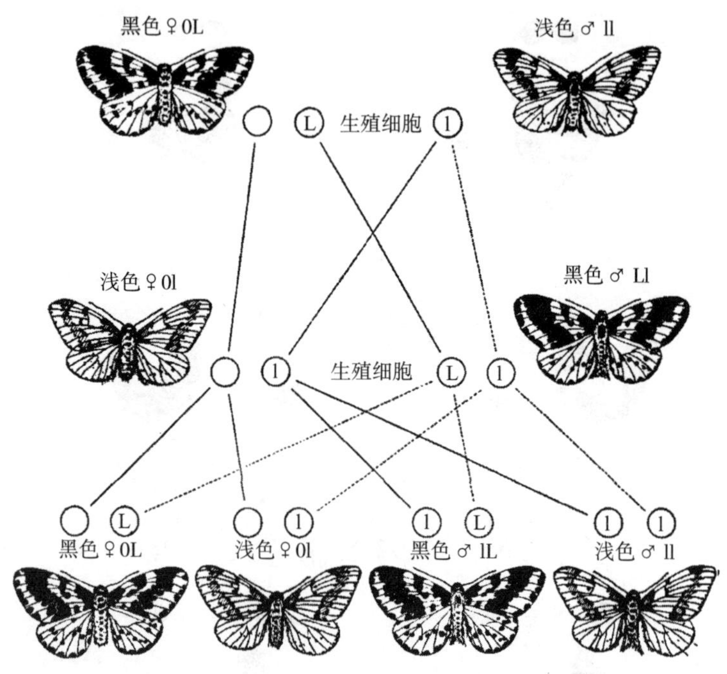

图 121 尺蠖蛾（*Abraxas*）的性连锁遗传

成熟分裂前的相同（即 31 或 30）。在蛾的精子成熟过程中，染色体两两接合成 31 条二价染色体。在第一次分裂时，二价染色体分成两条，在第二次分裂时，所有染色体分裂，每条精子有 31 条染色体。卵子受精后得到以下组合：

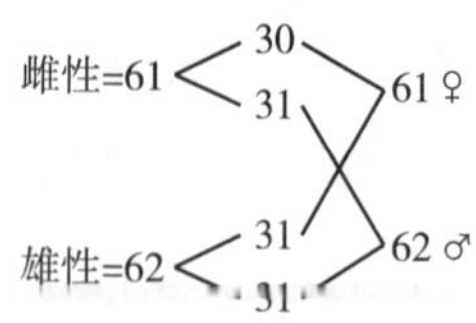

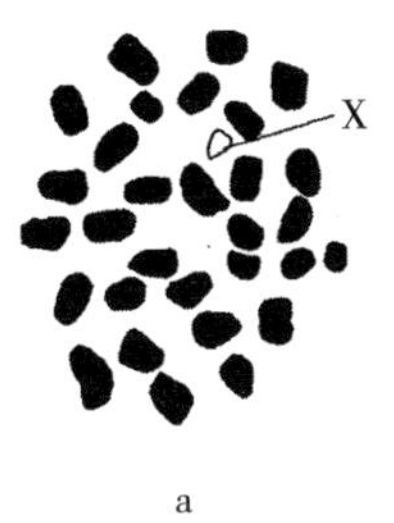

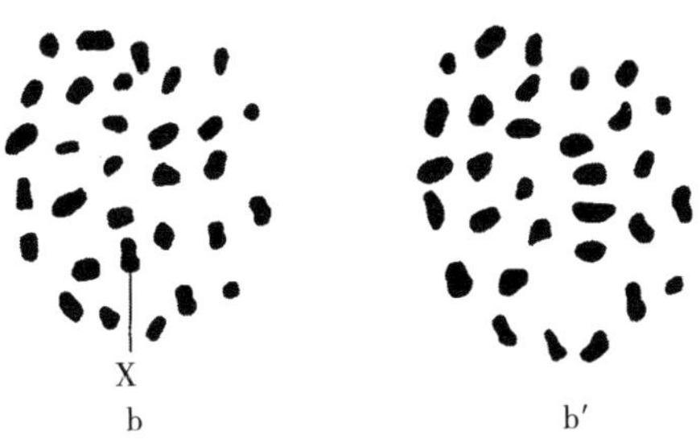

图 122　Fumea 蛾卵的染色体

a：*Fumea casta* 卵子减数染色体群；b、b′：卵子第一次成熟分裂时，外极和内极的染色体群；只有一极有一条 X 染色体的群（仿塞勒）。

在另一种蛾 *Talaeporia tubulosa* 中，塞勒发现雌蛾有 59 条染色体，雄蛾有 60 条染色体。在 *Solenobia pineti* 的雌蛾和雄蛾以及其他几种蛾类中都看不到未配对的染色体。另一方面，在 *Phragmatobia fuliginosa* 中有一条含有性染色体的复染色体。雄蛾有两条这样的染色体，雌蛾只有一条。在 W 要素和 Z 要素不作为独立的染色体出现其他蛾类中，这种关系也可能是存在的。

费德在两种蛾（*Pygaera anachoreta* 和 *P.curtula*）的杂交中，

也证实了蛾类性连锁遗传。这个案例很有趣，因为在每一物种内，雄、雌幼虫是一样的。但不同物种的幼虫却表现出了种间的差异。这种在物种内不具有二形的种间差异，却成为子代幼虫里性二形的根据（当杂交“循一个方向”进行时）。因为，正如结果所显示的，两个种族幼虫之间的主要遗传区别，是在 Z 染色体上面。如果 *anachoreta* 为母方，*curtula* 为父方，杂交雄幼虫在第一次蜕变后，便显示出明显的不同。杂种蛾雄虫同母族（*anachoreta*）非常相似，而杂种蛾雌幼虫与父族（*curtula*）相似。

如果用 *anachoreta* 为父方，*curtula* 为母方，其子代杂种也都完全相似。这些结果是可以解释的，假设 *anachoreta* 为父方的 Z 染色体上有一个或多个基因，对于 *curtula* 为母方的 Z 染色体的一个或多个基因是显性的。这个例子之所以有趣，是因为一个物种的基因，对另一物种的同一染色体上的等位基因，呈显性作用。对结果的分析也可以用于子代雄蛾回交亲型所产生的孙代中，只要考虑到后代的三倍性就可以了（参考第九章）。

我们没有理由认为 XX-XY 型和 WZ-ZZ 型涉及的染色体是一样的东西。反之，我们也很难想象一种类型如何能直接转变为另一种类型。然而，假设产生雌雄两种性别的某种平衡变化是可以在两种类型中独立产生的，这在理论上并不困难，尽管两种类型涉及的具体基因是相同或几乎相同的。

雌雄异株显花植物中的性染色体

1923 年有一个惊人的事件，4 位研究者不约而同地宣布，在一些雌雄异株的显花植物中，存在着遵循 XX–XY 型机制的现象。

桑托斯（Santos）发现，在 *Elodea* 雄株的体细胞内有 48 条染色体（见图 123），其中有 23 对常染色体和一对大小不等的 XY 染色体，X 和 Y 在成熟期分开。结果产生两种花粉粒，一种是 X，另一种是 Y。

另外两位细胞学家，木原均和小野知夫（Ono）在酸模属（*Rumex*）的雄株的体细胞内，发现了 15 条染色体，包括 6 对常染色体和 3 条异染色体（m_1、m_2 和 M）。这 3 条染色体在生殖细胞成熟时，走到一起形成群（见图 123）。M 到了一极，两个较小的 m_1 和 m_2 到了另一极。由此产生两种花粉粒：6a+M 和 $6a+m_1+m_2$。后者决定雄性。

温格（Winge）在两种啤酒花植物（*Humulus lupulens* 和 *H.japonica*）中，发现一对 XY 染色体。在雄株中存在 9 对常染色体和一对 XY。他还发现，在苦草（*Vallisneria spirales*）的雄株体内有一个未配对的 X 染色体，其公式为 8a+X。

在蒌菜属（*Melandrium*）中，科伦斯通过繁育实验得出结论，雄株是异配的。温格也认为，雄性的公式是 22a+X+Y，这证实了科伦斯的推断。

布莱克本（Blackburn）女士还宣称，蒌菜属的雄株有一对长短不等的染色体，这也新增了一个重要证据。雌株有两条同

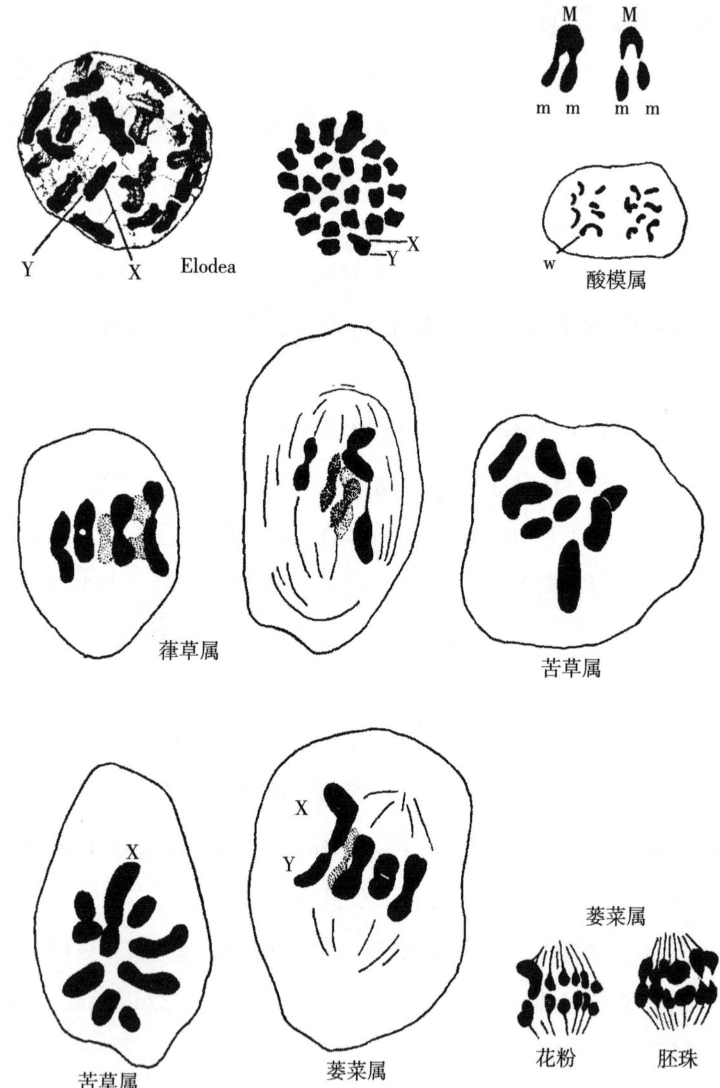

图 123　几种雌雄异株植物成熟分裂时的染色体群（仿 Bolar）

样大小的性染色体，其中一条相当于雄株的一条性染色体（见图123）。在成熟分裂时，这两条染色体会彼此结合并进行减数分裂。

根据这些证据，我认为可以得出以下结论：至少有些雌雄异株的显花植物，在性别决定上，采取了在许多动物中存在的同样机制。

藓类的性别决定

在上述显花植物的性染色体被发现的几年前，马切尔夫妇已经证明，当孢子在雌雄异体的藓类植物里形成时，这些藓类有独立的雌雄配子体[①]（配子体分雌雄两种），由同一孢子母细胞发育成的 4 粒孢子中，其中 2 粒发育成雌配子体，另外 2 粒发育成雄配子体。

后来，艾伦在亲缘关系相近的苔类植物群中（见图 124），发现了单倍体的雌原叶体有 8 条染色体，其中 1 条（X）比其他 7 条染色体长得多；而在有 8 条染色体的单倍体的雄原叶体（配子体）中，有 1 条（Y）染色体比其他 7 条小得多（见图 124b′）。

---

① 在藓类、蕨类和苔类植物中，单倍体或配子体世代，分为雌雄两种性别，其二倍体世代（孢子体）是无性的或中性的。在显花植物中，植物本身与藓类的孢子体相对应。其配子体世代好像藏在雌蕊和雄蕊里面。所以，雌性和雄性这两个术语在藓类中表示一个世代，即单倍体，而在显花植物中则指二倍体世代，这就产生了一个矛盾。矛盾并不在于二倍体和单倍体（这种矛盾甚至在某些动物，如蜜蜂、轮虫等的同一世代里也会遇到），而是将相同的术语用于对比的世代，一个是有性的，另一个是无性的。不过，有了这样的理解，遵循传统的用法就不会产生严重的困难了。

这样，每个卵子都有1条X染色体，而每个精子有1条Y染色体。由受精卵发育而成的孢子体，将有16条染色体（包括1条X和1条Y）。当孢子形成时，发生减数分裂，X和Y分开。这样形成的单倍型孢子中，一半各有1条X染色体，以后发育成雌原叶体；另一半各有1条Y染色体，以后发育成雄原叶体。

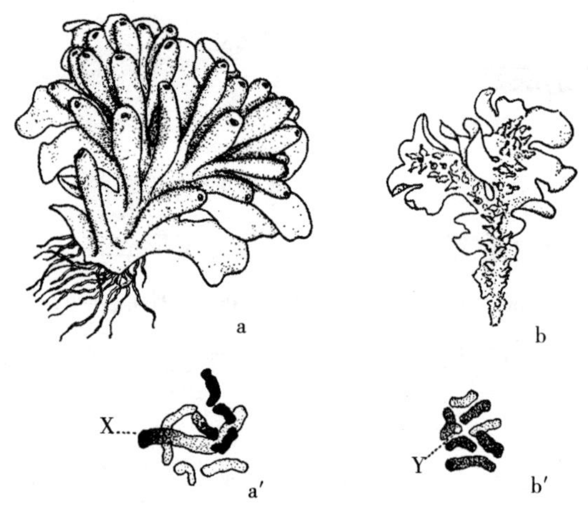

图124　苔类的雌原叶体和雄原叶体的单倍染色体群

a：雌原叶体；b：雄原叶体；a′：雌性有一条大的X染色体；b′：雄性有一条小的Y染色体（仿艾伦）。

最近，韦特斯坦对雌雄异体的类藓植物进行了一些重要的实验，并作了进一步分析。利用马切尔夫妇所发现的方法，产生了二倍体的雌藓和雄藓，成为双重雌性（FF）或双重雄性（MM），如图125左侧所示。例如，按照马切尔夫妇的方法，他截取一段带孢子的柄部（其细胞是二倍型），由该段发育而成的配子体，也是二倍体。通过这种方式，他获得了雌雄兼备（FM）的配子体。[①]

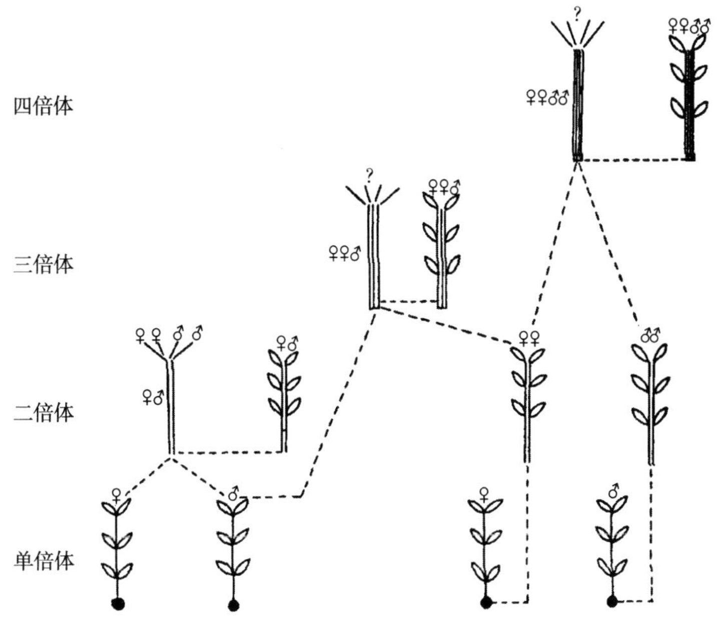

图 125　二倍体和三倍体藓类的各种不同组合（仿韦特斯坦）

然后，他用另一种方法制造了二倍体雄藓和雌藓，它们是双重雌性（FF）和双重雄性（MM）。制作方法如下：

用水合氯醛和其他药剂处理原丝体，在染色体分裂后，抑制单个细胞的分裂。通过这种方式，他就可以在这些雌雄异株的植物里产生二倍型的巨型细胞，这些细胞都有双重的雌性要素或雄性要素（例如染色体）。从这样的二倍型细胞，韦特斯坦又产生了一些新的

① F 代表雌性，M 代表雄性。——译者注

组合，其中有些是三倍体，有些是四倍体。这些组合中最有趣的几种组合，如图 125 右侧所示。

雌原丝体的一个二倍型细胞发育成二倍体植株（FF），后者又产生二倍型卵细胞。同样，一个二倍型的雄原丝体细胞也发育成一个 MM 植株。当一个 FF 卵子和一条 MM 精子结合时，会产生一株四倍型孢子体（FFMM）。

一个 FF 胚珠同一条正常精子（M）受精，则产生一个三倍型植株（FFM），如下所示：

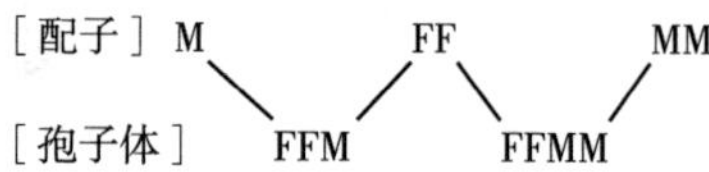

从每个 FFM 和 FFMM 孢子体中，又可以再生出配子体。这些配子体都会发育出雄雌两种要素，也都会产生卵子和精细胞。但雌性器官颈卵器（*archegonia*）和雄性器官精子器（*antheridia*）的数量以及它们出现的时间，却表现出特有的差异。

如前所述，马切尔夫妇获得了韦特斯坦使用的同一物种的二倍型 FM 配子体，并证明了该配子体同时产生雌雄两性器官。韦特斯坦证实了这一点，并宣称雄性器官比雌性器官发育得早。

对 FM、FFM 及 FFMM 三型的比较是很有意义的。FM 植物的雄性器官成熟较早。起初，精子器比颈卵器多，颈卵器发育较晚。

正如韦特斯坦所说，FFMM 植物雄性器官的早熟性，要比 FM 植物的强两倍。起初只有精子器出现，到了很晚的时候，衰老的精子器消失，才会出现一些年轻的颈卵器，也有植株从未发育过颈卵器。再后来，雌性器官才开始发育旺盛。

三倍型植物中，雌性器官首先成熟。至少是在 FFMM 四倍型植物只有雄性器官的时候（七月间），三倍体植物还是只有雌性器官，后来（九月间）才具备雌雄两种器官。

这些实验很有意思，显示了雌雄异体的植物，如何通过人工联合，成为雌雄同体的植物。实验结果还表明，性器官发育的顺序是由植物的年龄决定的。更重要的是，通过基因组合循相反方向的改变，实际逆转了两种器官发生的顺序关系。

第十五章
其他涉及性染色体的性别鉴定方法

在一些动物中，通过性染色体在生殖细胞内的重新分布来决定性别，除了上一章所述的方式外，还有其他决定方式。

X 染色体附着在常染色体上

在少数生物里，性染色体附着在其他染色体上，这往往会掩盖 X 和 Y 染色体的不同性质。在这种情况下，性染色体有时被分离开来，如蛔虫（见图 126），或通过雄性 X 染色体的不同染色性质，或像在塞勒所研究的某种蛾里，复染色体在胚胎的体细胞内定期分离成若干条小染色体，从而发现了性染色体。

性染色体与普通染色体（常染色体）的附着作用，涉及性连锁遗传的机制，特别是在雄性中才有附着的 X 染色体与同对中没有附着 X 染色体之间发生交换时，更是如此，现在通过一个例子来说明这个问题。

如图 127 所示，蛔虫染色体的黑色一端表示附着在普通染色

图 126　蛔虫卵子内两条小的 X 染色体，从常染色体内分离出来（仿 Geinitz）

体上的 X 染色体，在雌虫体内有两条 X 染色体，分别附着在同对中的一条常染色体上。

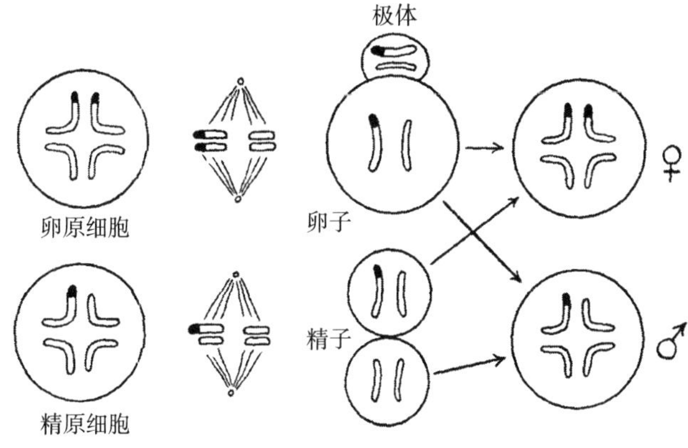

图 127　雄雌两种蛔虫中的 X 染色体分布（仿博维里）

成熟卵子各有 1 条这样的复染色体（因而也有 1 条 X）。雄虫有 1 条 X，附着在相应的常染色体上，但同对的另一条常染色体却没有附着 X。成熟分裂后，半数的精细胞有 1 条 X，另一半没有 X。显然，这里的性别决定机制，与 XX–XO 型的机制是一样的。

在雌虫的两条X染色体之间以及两条附着的常染色体之间，都可能发生交换。但在XO型雄虫方面，情况就不同了。在雄虫里，复染色体上的X部分没有配偶，所以不可能在这部分发生交换，这样就确保了性别分化基因和性别决定机制的一致性，至于复染色体的两个常染色体部分，其间可能会发生交换，但不影响性别机制。位于X部分的基因所引起的性状，必然表现性连锁遗传，即隐性性状将在子代雄虫中出现。位于常染色体部分的基因所引起的隐性性状，将不会出现在子代雄虫中。然而，由常染色体部分的基因所引起的性状，对于性别以及对于X部分上基因所引起的性状，必然表现出部分连锁关系。①

在上述假设的例子中，雄性体内这条没有附着X的常染色体，即有X的复染色体的配偶，似乎是和普通XX–XY型的Y染色体相当（因为它只限于雄系内），不同的只是这条没有附着X的常染色体上，有一些基因与复合X染色体相应部分的基因相同。

事实上，最近有研究表示，那里有某些基因似乎是载在Y染色体上面，由此可知，Y染色体本身有时是可以带有基因的。

如果按上述解释，这种说法是不会引起异议的，但如果这种说法还有其他含义，则显然会引起异议。因为如果雄性的X和Y在整个过程中，普遍发生交换，染色体的性别决定机制就会遭到破坏。如果真的发生这种情况，则两条染色体在一段时间后就

① 根据麦克朗（McClung）的观察，Hesperotettix雄性的X染色体，并不总是附着在同一条常染色体上，尽管在某个个体中，X的附着是恒定的。在其他个体里，X染色体可能是游离的。如果在这种类型的动物中有性连锁性状，那么，它们的遗传可能会因为X染色体与常染色体之间的不稳定的关系而变得复杂。

会变得完全相同，而产生雄性和雌性的那种平衡的差异就会随之消失。

Y 染色体

有两类遗传证据表明 Y 染色体上有孟德尔因子。在属于两个不同家族的鱼类中，施密特（Schmidt）、会田龙雄（Aida）和温格已经证明了 Y 染色体上有一些基因。在毒蛾科里，戈德施密特（Goldschmidt）以同样的方式分析了物种间杂交的结果（这里指 W 染色体）。毒蛾的实验结果将在关于性中型的章节中讨论，这里只讨论鱼类的实验结果。

小型缸养鱼虹鳉（*Lebistes reticulatus*），原产于西印度群岛和南美北部。雄鱼的颜色鲜艳，雌鱼则明显不同（见图 128）。不同种族的雌鱼彼此非常相似，而雄鱼则各有不同的特种色彩。施密特发现，当一个种族的雄鱼同另一个种族的雌鱼交配时，子代（F_1）雄鱼像父型。如果子代（F_1）杂种自交，孙代（F_2）雄鱼也都像父型，没有一只雄鱼表现出母系方面祖母性状。所有 F_3 和 F_4 的雄鱼也都像父系祖先。这里似乎没有任何孟德尔分离的现象，对于可能是通过母系祖母传递来的性状来说。

在进行正反交时，[①]也会得到同样的结果，子孙两代的雄鱼都像父系雄鱼等。

---

① 正反交，即在杂交中，父母双方的性状与原来父母双方的性状刚好相反。——译者注

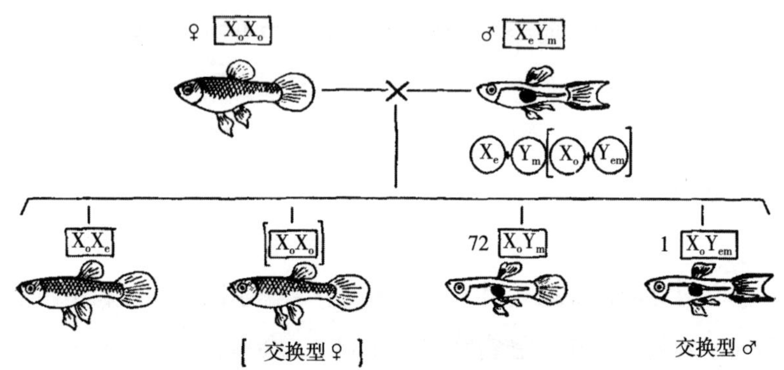

图 128　虹鳉性连锁性状的遗传，这种性状的基因位于 X 和 Y 染色体（仿温格）

另一种鱼 *Aplocheilus latipes*，栖息在日本的小溪和稻田中，几个类型各有不同的颜色。其他类型也出现在了人工饲养中。这些鱼每种类型都有雄鱼和雌鱼。会田龙雄的研究表明，这些差异中，有几个是通过性染色体（X 和 Y）传递的。这些性状的遗传可以用这样的假设来解释：有关基因有时位于 Y 染色体上，有时位于 X 染色体上，而且这些染色体之间还可以发生交换。

例如，鱼的白色体色是性连锁遗传的，其等位基因是红色。当纯白雌鱼同纯红雄鱼交配时，其子代雄鱼和雌鱼（F_1）都是红色。子代自交，它们会产生以下结果：

红♀	红♂	白♀	白♂
41	76	43	0

假设白色基因位于雌鱼的两条 X 染色体上，并用 X^w 来表示，假设红色基因位于雄鱼的 X 和 Y 上，用 X^r 和 Y^r 表示，上述杂交的结果用 XX–XY 公式表示，如图 129 所示。如果红色（r）是显

性，白色（w）是隐性，那么，子代雄性和子代雌性都将是红色。如果子代雌雄自交，则结果如图130所示。预计孙代雌鱼一半白色，一半红色，所有雄鱼都是红色，雄鱼数量等于两种雌鱼的总和。

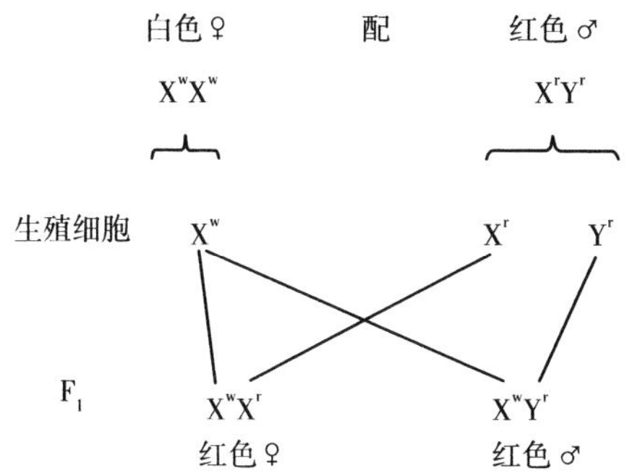

图 129　鱼体白色和红色的遗传机制

Y 染色体和 X 染色体同有一种基因，图为有关性状的遗传情况。

红　♀	白　♀	红　♂	白　♂
2	197	251	1

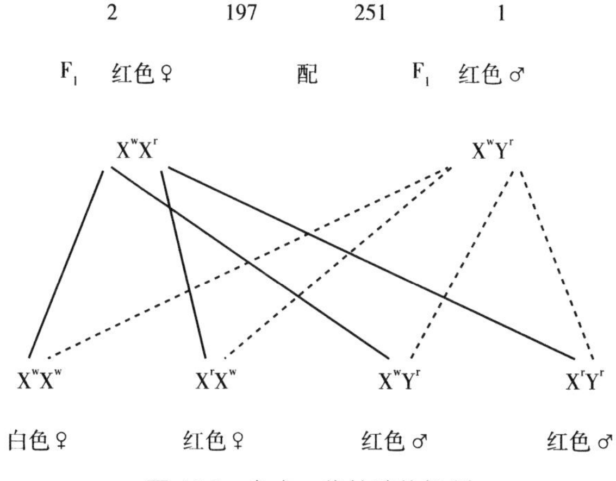

图 130　杂交一代的遗传机制

红色和白色的遗传，分别来自两个子代（F_1）杂合的雄鱼和雌鱼。Y 染色体和 X 染色体一样也有红色（r）基因。

因此，红色雄鱼和白色雌鱼杂交不会产生白色的孙代雄鱼，除非在一个子代（F_1）的 X^wY^r 红色雄鱼中，X 和 Y 之间发生交换，从而产生一条 Y^w 染色体（见图 131）。只有当染色体 Y^w 的精子同 X^w 的卵子结合时，才能产生 X^wY^w 的白色雄鱼。事实上，在子代（F_1）杂合子 X^wY^r 的红色雄鱼（在上述实验中获得）回交纯白色雌鱼的实验中，出现了一个白色雄鱼。

实验中，出现了两条红色雌鱼和一条白色雄鱼，如果在子代鱼（X^wY^r）中，假设 451 次中发生一次交换，如图 131 所示，结果是可以得到解释的。当白色同褐色雄鱼杂交时，[①]也得到了类似的结果，但没有交换型。当红斑雌鱼同白色雄鱼杂交时，也得到了同样的结果，在回交的 172 条孙代中，有 11 条为交换型。

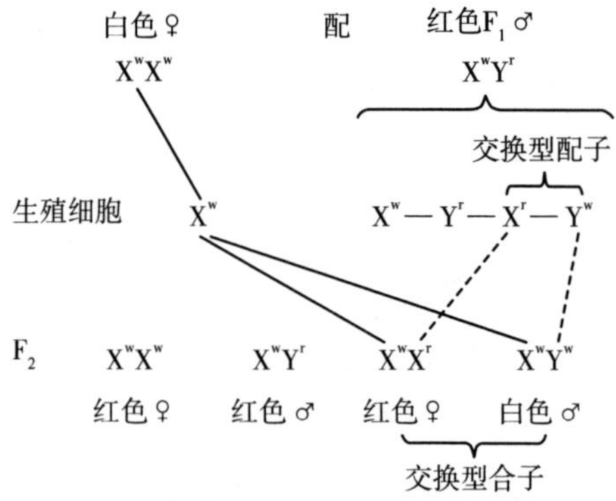

图 131　鱼体白色和红色的遗传过程图解，X 同 Y 内等位基因的交换

子代（F_1）雄鱼的 X 染色体和 Y 染色体，分别含有红色基因和白色基因，这两个基因被认为是等位基因，图为两个基因间的交换。

① 原文中的“白色”，指的是白色雌鱼。——译者注

温格于 1922 年到 1923 年把施密特对虹鳉的实验更进一步，并独立地得出了与会田龙雄关于 Y 染色体的相同的结论。一个种族的雌鱼 X_oX_o 同另一个种族的雄鱼 X_eY_m 杂交，结果如图 128 所示。这个杂合子雄鱼的成熟生殖细胞分为 X_e 和 Y_m 两种非交换型，以及 X_o 和 Y_{em} 两种交换型。相应地也就有 X_oY_m 和 X_oY_{em} 两种雄鱼。后者很少见，占子代雄鱼的 1/73。[①]

在温格的报道中，无法确定雌鱼是否也发生了交换，因为他没有提到关于 X_eX_m 雌鱼的案例。此外，他将一种类型的雌鱼表示为 X_o，意为 X_o 染色体上缺少了某些基因。当有两对基因存在时，才能显示出两条染色体之间的交换。事实上，温格将一个与 Y_m 发生交换之后的 X_e 表示为 X_o，而没有标明 e 和 m 的等位基因的变化。公式中应该有一条具备 M 基因和 e 基因的 X 染色体，以及一条具备 m 基因和 E 基因的 Y 染色体。在交换后，X 染色体将含有 E 基因和 M 基因，Y 染色体势必含有 e 基因和 m 基因，如图 132 所示。交换后的 X 染色体不是 X_o，而是 X_{ME}，Y 染色体是 Y_{me}。如果 m 和 e 对 M 和 E 是显性的，那么，结果将和报道的一样，除了可能会出现另一种交换型 X_{ME}。[②] 如果 M 左侧的 X 染色体上含有性别决定基因（图中 X 粗线部分），那么，实验中之所以没有发

---

① 在另一个实验中，68 个子代雄鱼中有 4 个交换型。

② 原文中，X_{ME} 可能是 X_{me} 的误写。因为除了图 132 的交换方式外，可能还有另外一种方式的交换，例如：X_{me} 和 Y_{ME} 两个交换型。示意图如下：

$$\begin{matrix} X \\ Y \end{matrix} - \frac{\underline{Me}}{\underline{mE}} \longrightarrow \frac{\underline{me}}{\underline{ME}}$$

但这种交换并未发生，理由见原文。——译者注

生这种交换，便可以解释为 M 与 X 部分相接近这个原因了。

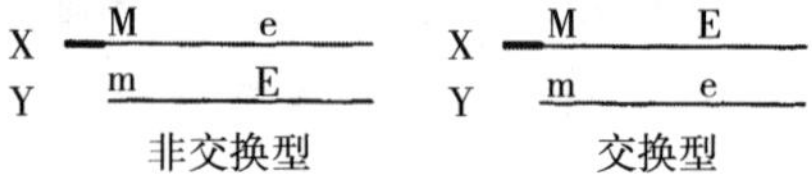

X	M	e	X	M	E
Y	m	E	Y	m	e
	非交换型			交换型	

图 132　附着 X 的常染色体之间可能的交换机制

雄鱼中并联 X 染色体的常染色体部分，同另一条常 Y 染色体发生交换。因为说明附着的 X 染色体同这个交换的可能关系。

在 1927 年温格发表了一篇论文，阐述了在虹鳉 Y 染色体上的 9 种基因与 X 染色体上的 3 种基因之间，始终还没有发生交换的事实。他认为，这是因为它们与 Y 染色体中的雄性决定基因互相接近，或是因为它们与雄性决定基因是同样的东西。X 和 Y 上面的其他 5 种基因，表现出有交换，其中一个基因位于常染色体上。温格将雄性决定基因表述为单一的和显性的，而把 X 染色体中的等位基因的性质当作未解之题，用 O 表示。

成雄精子的退化

亲缘关系密切的瘤蚜（*Phylloxerans*）和蚜（*Aphids*）两个物种同属于 XX–XO 型，成雄精子（无 X）会退化（见图 133），只剩下成雌精子（有 X）。有性生殖的卵子（XX）在放出两个极体后，只剩下一条 X 染色体。这些卵子同 X 精子受精，只能产生雌性（XX）。这种雌性被称为系母，是单性生殖的，成为其他单性生殖雌虫的起点。一段时间后，这些雌虫里，一些可以产生雄性后代，另一些产生有性生殖的雌虫。后者就像母虫一样是二倍体，但它们的染色体会成对接合，其染色体数量减半。前者产生雄虫的过程，将在下一节讨论。

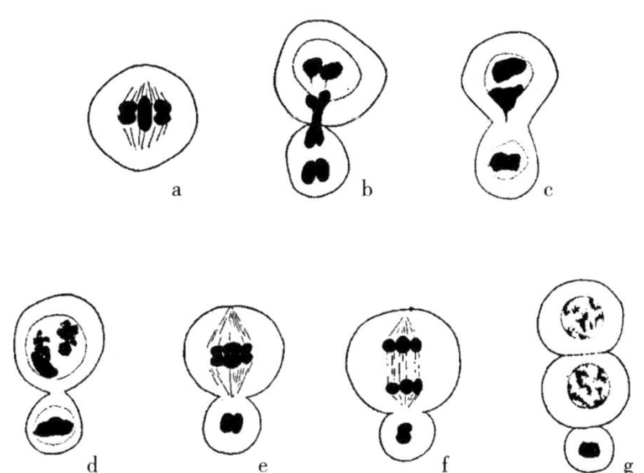

图 133　熊果树（*Bearberry aphid*）蚜的二次成熟分裂

第一次分裂：a~c，大 X 染色体进入一个细胞；第二次分裂：e、f、g，这个细胞再次分裂，产生两个有作用的成雌精子，另一个发育不全的细胞（d）不会再分裂。

二倍型卵子排出一条 X 染色体产生雄性

如前文所述，某种瘤蚜雌虫在单性生殖周期的末期出现，其卵子比早期雌性的卵子小一点。在这些较小的卵子成熟之前，X 染色体集合起来（共有 4 条 X）。卵子只分出一个极体，有两条染色体进入极体（见图 134）。此时每一条常染色体分裂为二，排出其中的一条，卵内留下了二倍数目的常染色体和半数的 X 染色体。通过单性生殖，卵子发育成雄虫。

蚜也发生了类似的过程。虽然还没有观察到 X 染色体从卵内排出的情况（目前只有两条 X 染色体），但由于卵子在放出唯一的极体后，便少了一条染色体，毫无疑问，就像在瘤蚜中一样，它丢失了一条染色体。

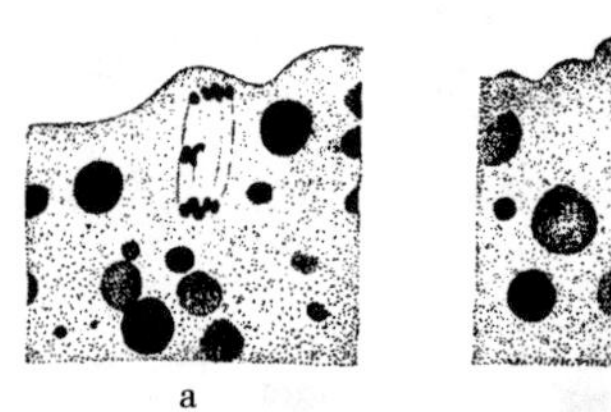

图 134　瘤蚜成雄和成雌两种卵子的纺锤体

a：瘤蚜成雄卵子的第一次分裂的纺锤体，其中两条染色体滞留在纺锤体上，最终被排出卵外，卵核内留下 5 条染色体；b：成雌卵子第一次分裂的纺锤体，所有 6 条染色体分裂后，在卵核中仍留下 6 条染色体。

上面这两类昆虫雌雄性别的决定过程，与其他昆虫的过程不同，但仍然是利用相同的机制，只是以不同的方式实现了相同的结果。

还有一个有趣的事实。在瘤蚜中，产生雄卵的瘤蚜雌虫，它所产出的雄卵，比以前各代单性生殖的卵子要小。因此，在卵子排出 X 染色体之前，卵子的命运就已经确定了。在这里，雌雄性别似乎是由卵子的大小决定的，即卵内胞质的数量。但这是从证据中得出的不合理的推论，因为卵子只有在排出半数的 X 染色体后，才能成为雄性。保留这些 X 染色体会发生什么，我们不得而知，也许卵子会发育成雌虫。无论如何，这里的例子说明，在母体中发生了某些变化，导致小卵的形成，而小卵又减少了半数的 X 染色体，变成了雄虫。至于母体中发生了什么样的变化，尚不清楚。①

意外损失一条染色体所引起的性别决定

在雌雄同体的动物中，没有发现性别的决定机制，也不应该有这种机制，因为所有的个体都是完全一样的，都有一个卵巢和一个精巢。在一种线虫（*Angiostomum nigrovenosum*）里，雌雄异体世代与雌雄同体世代互相交替。

博维里和 Sclileip 已经证明，当雌雄同体世代的生殖细胞成熟时（见图 135），经常会损失两条 X 染色体（滞留在分裂平面），因而产生两种精子，一种有 5 条染色体，另一种有 6 条染色体。当同一雌虫的卵子成熟时，12 条染色体两两接合，形成 6 条二价染色体（见图 136）。在第一次成熟时，6 条进入第一极体，另外 6 条仍留在卵内。卵子内的 6 条染色体分裂，6 条子染色体进入第二极体，卵子内留下另外 6 条子染色体，其中各有 1 条 X 染色体。卵子同 6 条染色体的精子受精后，发育成雌虫；卵子同 5 条染色体的精子受精，则发育成雄虫。这里，细胞分裂时的一个意外事件，造成了性别决定的机制。

---

① 在雌性轮虫（*Dinophilus apatris*）中，每只雌虫产生两种大小的卵子。两种卵子都会放出两个极体，形成单倍型原核。两种卵都会受精：大卵发育成雌，小卵发育成雄（Nachtsheim）。卵巢中产生两种卵子的原因，目前尚未可知。

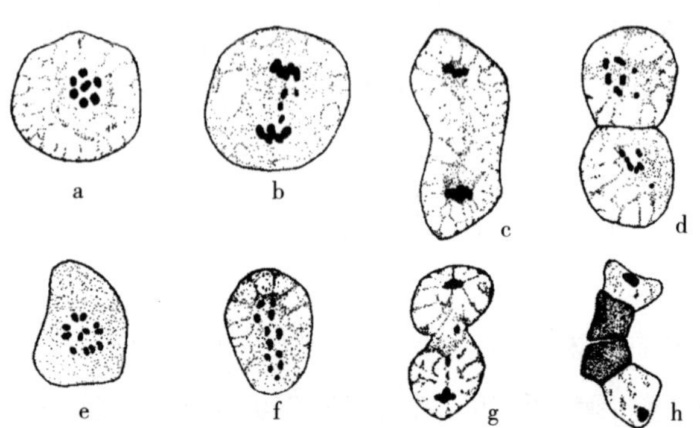

图 135 管口属线虫（*Angiostomum nigrovenosum*）精细胞的第一次和第二次成熟分裂

上行是第一次分裂；在第二次分裂时（下行），其中 1 条 X 染色体被滞留在分裂平面上（仿 Schleip）。

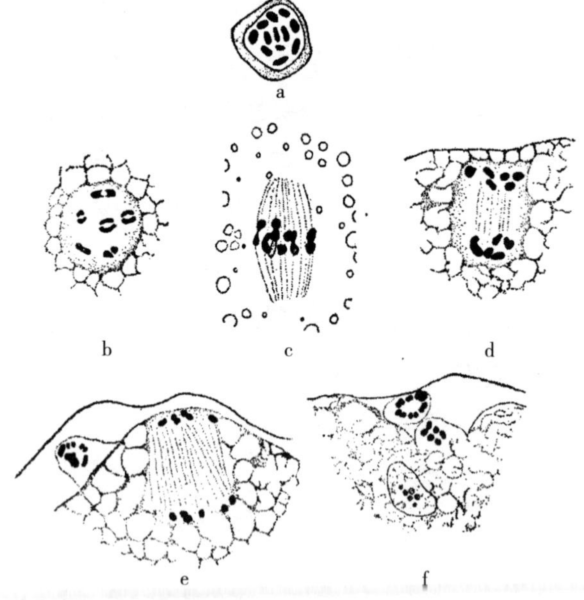

图 136 管口属线虫卵子的两次成熟分裂，6 条染色体滞留在卵核内（仿 Schleip）

二倍体雌性和单倍体雄性

轮虫首先经过许多世代的单性生殖，各代雌虫有二倍数目的染色体。卵子内没有减数分裂，只放出一个极体。在一定的营养条件下，这个单性世代似乎可以无限期地持续下去。然而，正如惠特尼（Whitney）所证明的，可以通过改变营养来结束单性世代，例如，用绿色鞭毛虫饲养的雌虫，产生的子代雌虫（通过单性生殖）具有双重可能性。如果这些子代雌虫受精（当时可能已经出现），则每个卵子在成熟前，只有一条精子进入卵内。卵子在卵巢中长大，外有一层厚厚的壳（见图 137）。卵子放出两个极体，然后卵子的单倍型胞核与精核（单倍数）结合，从而恢复了全部的染色体数目。这个卵子是一个休眠卵或冬卵。它有二倍数目的染色体，经过一段时间的发育，该卵子发育成母系，重新产生一个新系的单性生殖的雌虫。

另一方面，如果该雌虫没有受精，则产生的卵子比普通单性生殖的卵子要小。卵内染色体两两接合，并放出两个极体。卵内留下一组单倍染色体。卵子分裂，在不增加染色体数目的情况下，发育成雄虫。目前还不清楚在单倍体雄虫的精子形成过程中，究竟发生了什么。惠特尼（1918）和陶森（Tauson，1927）的研究，都没有对这个变化作出令人信服的说明。

从表面上看，这些证据似乎表明单倍数目的染色体产生雄性，二倍数目的染色体产生雌性。性染色体的存在并不明显，因此不能假设存在特定的性别基因。即使承认这种基因不存在，为什么半数的染色体会产生雄性，而二倍数目的染色体会产生雌

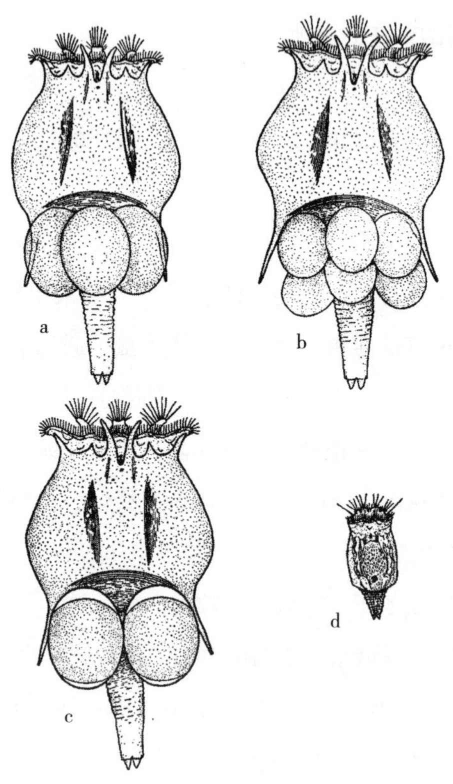

图 137　臂尾轮虫

a：雌虫，附有单性生殖的成雌卵子；b：雌虫，附有单性生殖的成雄卵子；c：雌虫，附着成雄、成雌的卵子；d：雄虫（仿惠特尼）。

性，依然无法解释，除非认为这里所涉及的分化因子，就是两种卵子内胞质的数量与其染色体数目之间的关系。然而，这一结果又与蜜蜂的情况不一致（如下所述）。在蜜蜂里，产生雌性的二倍型卵和产生雄性的单倍型卵，两者大小是相同的。以上两种情况，突出的事实是单倍数目的染色体和雄性相关，尽管在轮虫中还有决定哪些卵子成为单倍型的其他因素。

也许，可能找到一种涉及性染色体的解释。假设有两种不同的 X 染色体，并且在减数分裂时，一种进入雄卵的极体，另一种从有性卵子内排出（两者都留在单性生殖的卵子内），但必须承认，目前也许没有理由或必要提出这样的猜想。

蜜蜂和亲缘关系相近的黄蜂、蚁类的性别决定，也与胞核的二倍和单倍状态有关。这些事实似乎已经确立，但还没有得到明确的解释。后蜂在后蜂室内、职蜂室内和雄蜂室内产卵。这些产前的卵子完全一样。在职蜂和后蜂室内的卵在产卵时受精；在雄蜂室内的卵子没有受精。所有的卵子都会放出两个极体，卵核留下单倍数目的染色体。在受精卵内，精子带来一组单倍染色体，与卵核结合，得到二倍数目。这些卵子发育成雌蜂（后蜂或职蜂）。因为后蜂室内幼虫的食物更加丰盛，所以发育更加完全，成为后蜂。这与提供给职蜂室内幼虫的食物是不同的。如前所述，雄蜂是单倍体。①

这里，不能认为性别的确定是由成熟分裂前的任何影响所致。没有证据表明卵子内的精核会影响到染色体成熟分裂的方式。此外，也没有证据表明环境（雄蜂室或职蜂室）对发育过程有任何影响。事实上，这里也没有任何证据表明特定的染色体群可以区

① 众所周知，随着雄性未受精卵的分裂，每条染色体都断成两部分（除了可能形成种系的胞核）。这个过程似乎不是染色体纵裂，而是横裂成两片。如果这种解释是正确的，那么，基因的数目实际并没有增加，而且这一过程的发生（在一些线虫中也发生过）也没有给性别决定机制带来任何启示。

别为性染色体的。雌雄这两种个体之间已知的唯一区别，是染色体数目的不同。目前，我们只能依赖这点关系，把它看作是与性别决定有关的尚未知的联系。这种关系目前还不能同其他昆虫中性别与染色体上基因之间的平衡一致，但它仍然可能是起源于染色体（基因）和胞质之间的平衡。

还有一个事实涉及蜜蜂的性别决定。在雄蜂的生殖细胞成熟分裂中，第一次成熟分裂失败，得出了一个没有染色体的极体（见图 86）。在第二次成熟分裂时，染色体发生分裂，一半进入一个很小的细胞，这个细胞后来就退化了；另一半则留在大细胞内，成为有作用的精子，含单倍数目的染色体。如前所述，精子带着单倍数目进入卵子，卵子随后发育成雌性。

有资料记载了两族蜜蜂杂交的案例（Newell），以及杂种的后代。据说孙代雄蜂只表现出一个或另一个原始种族的性状。这是预料之中的事，因为如果两族的区别只是同一对染色体上基因间的差异，这些染色体在减数分裂时彼此分离，其中一组或另一组会留在发育成雄蜂的单倍体卵内。但是，如果族间的差异，取决于位于异对染色体上的基因，那么，孙代雄蜂就不会有如此明显的两族间的区别。

职蜂（或职蚁）偶尔会产卵。这种卵子一般会发育成雄性，这是可以预期的，因为职蜂不能从雄蜂受精。有资料记载，职蚁的卵子内偶尔会出现有性类型的雌蚁。可以认为这是由于卵子保留了双组染色体的缘故。在 Cape 蜜蜂中，经常有职蜂的卵子发育成雌性（后蜂），据说是一种常见现象。我们可以暂时采用与上述相同的解释，即职蚁中的雌性偶尔产卵，其中有些卵在特殊条件下会发育成雌蚁。

在惠廷（Anna R.Whiting）关于寄生蜂（*Habrobracon*）的研究中，已经比较完整地证明了母虫性状直接传给子代单倍体雄虫，普通型有黑眼。在培养基中出现了一只具有橙色眼的突变型雄蜂。同黑眼雌蜂杂交，通过单性生殖得到了 415 只黑眼的子代雄蜂，又从受精卵得到了 383 只黑眼雌蜂。

4 只子代雌蜂被隔离后，经过单性生殖，产生了 268 只黑眼雄蜂和 326 只橙眼雄蜂，没有产生雌蜂。

另外有 8 只 F_1 雌蜂（从第一只橙眼雄蜂受精而来）同子代雄蜂自交，产生了 257 只黑眼的子代雄蜂，239 只橙眼的子代雄蜂，425 只黑眼的子代雌蜂。

第一只突变体橙眼雄蜂同它的 F_1 雌蜂交配，产生了 221 只黑眼雄蜂，243 只橙眼雄蜂，44 只黑色眼雌蜂和 59 只橙色眼雌蜂。

根据雄蜂是单倍体，由未受精卵子发育而成的假设，则这些结果是可以预期的。在杂交母蜂的生殖细胞成熟时，橙色眼的基因同黑色眼的基因分离，半数的配子得黑眼基因，另一半得橙眼基因。任一对染色体中的任一对基因，都会产生同样的结果。

橙色眼雌蜂同黑色眼雄蜂交配。从 11 对杂交中，共产生了 183 只黑眼雌蜂和 445 只橙眼雄蜂，正如预期的那样。但在另外 22 对杂交中，除了产生 816 只黑眼雌蜂和 889 只橙眼雄蜂之外，还产生了 57 只黑眼雄蜂。这些黑眼雄蜂的出现需要一个不同的解释。它们显然是由与黑眼精子受精的卵子发育而来。一个可能的解释似乎是，单倍型精核在卵子内发育，并产生了至少是形成双眼的那部分。卵子其他部分的胞核，也可能从单倍型卵核中获得。

事实上，有证据表明这是正确的解释，因为惠廷已经证明，这些特殊的黑眼雄蜂中的一些可能会繁殖，好像它们的所有精子都只含有母方的橙色基因似的。但还有其他事实表明，在这些情况下，这里的解释并不这么简单，因为大多数黑眼雄蜂没有生殖能力，那些有生殖能力的雄蜂又产生出少数子代雌蜂。① 不管这些特殊情况的最终解决方案是什么，这些杂交的主要结果，证实了雄性是单倍体的理论。

单倍体的性别

1919 年，艾伦证明，在囊果苔属（*Sphaerocarpus*）的雌性单倍型世代里，雌配子体的细胞有一条大 X 染色体，而雄配子体的细胞有一个相应的小 Y 染色体，这就对两种原叶体（配子体）的差异给出了一个合理的解释。

同样，马切尔夫妇和韦特斯坦等人的实验证明，从雌雄异株的藓类植物中，每个孢子母细胞分裂成 4 粒孢子，其中两粒发育成

---

① 根据惠廷（1925）所说：“与正常生产的雄蜂和雌蜂相比，黑眼偏父遗传的雄蜂，表现出更高的形态异常比例。被测试的大多数偏父雄蜂不育，有些作为黑眼繁殖的有部分可育，而少数嵌合体产生橙眼雌蜂，完全可育。偏父遗传的雄蜂的下一代橙眼雌蜂，在形态和生育能力方面都很正常。偏父遗传的雄蜂的下一代黑眼雌蜂数量很少，显示出异常的比例很大，几乎完全不育。” Hadrobracon 的特殊雄蜂可以说明在蜜蜂中已经出现了一些异常的案例。

雌原丝体（*gametophytes*），另外两粒发育成雄原丝体，这与艾伦对同类苔类的结果一致。习惯上把这两种配子体分别称为雌性和雄性，因为其中一种产生卵子，另一种产生精子（*antherozoids*）。下一代的孢子体（*zigote*）由卵子同精子受精而产生，即有时被称为没有性别或无性的。但它还是有一条 X 染色体和一条 Y 染色体。

关于雌雄两词的用法，一些不必要的混乱出现在藓类和猪笼草与雌雄异株显花植物之间的比较里。在雌雄异株的显花植物里，雌性和雄性术语适用于孢子体（二倍体）一代，而不用于卵细胞（属于胚囊内的单倍体世代）和花粉粒（也属于单倍体世代）。乍看起来，雄性和雌性在这两组中的使用意义是不同的。然而，除了系统发生意义上的言辞矛盾外，并没有真正的矛盾。如果这两种情况改用“基因”来表述，那么，想象中的困难就会消失。例如，在苔类植物中，含大 X 染色体的单倍型配子体里，其基因的平衡引起了卵细胞的产生，而含小 Y 染色体的单倍型配子体里，基因的平衡引起了精细胞的产生。在这里，卵子载体被称为雌性，精子载体被称为雄性。

在那些雌雄异株的显花植物的二倍体世代中，雄株的一对染色体是不同的，二倍体世代基因在常染色体和两条 X 染色体之间的平衡，产生雌性（即产生卵子的个体），二倍体世代的基因在常染色体和 XY 对之间的平衡，产生雄性（即产生精子的个体）。在苔类或是显花植物中，雌雄都是取决于各组基因之间的平衡。重要的一点是，在这两种情况下，平衡的差异导致了两种个体，它们被称为雌性和雄性，因为它们分别产生卵子和精子。

也许，有些人会批评上面这些说法，只是重述这些事实，而没有真正解释事实。这是非常正确的。我们只是尝试以这样一种方式复述这些事实，即在这两种情况下没有明显的矛盾。我们也许可以期待有一天可以解决这个问题：在不同的平衡产生两种个体的例子里，所涉及的基因数目和性质。然而，我们没有必要感到焦虑，当然也没有任何论证可以用来反驳最近在性别决定方面的进展。

动物配子的特点是单倍状态，不存在像植物那样单倍体世代和二倍体世代交替出现的情况。但至少有两三种类型，雌性是二倍体，雄性是单倍体。在膜翅类和其他一些昆虫中，至少在发育的早期阶段，雌性是二倍体，雄性是单倍体。在轮虫类中，雌性是二倍体，雄性是单倍体。在这两类动物中，都没有严格的性染色体的证据。目前，没有任何基于实验的结论，可以用来说明这些关系。在发现这种证据之前，所提出的一些可能的理论解释，都不能说明问题。

另一方面，在已知有性别决定机制的果蝇中，有实验数据表明了参与性别决定的基因之间的平衡问题，布里奇斯最近对果蝇进了一项很重要的观察，他发现了两只嵌合体果蝇，从遗传学来看它们可能是复合体，部分是单倍型，部分是二倍型。在一个案例中，单倍型部分包括性栉第二性征，即性器官（正常雄蝇有，雌蝇没有）。在嵌合体中，单倍型部分没有性栉。换句话说，正如预期的那样，由 3 条常染色体和 1 条 X 染色体组成的单倍染色体群，会产生与 6 条常染色体和两条 X 染色体相同的结果。两者的基因平衡都是一样的，尽管嵌合体的单倍型部分只有 1 条 X，就像正常雄蝇一样，但在雄蝇中，这条 X 却被 6 条常染色体所抵消了。

韦特斯坦报道过一个相反的情况，他通过人工方法获得了藓类植物的双倍型配子体。如果这些植物是由一个六倍体的雌配子体细胞发育而来，就是雌性，如果由一个单倍型雄配子体的一个细胞发育而来，就是雄性。在这两种情况下，平衡仍与以前一样。由此可见，在这些情况下，两者的性别不是由染色体的数目决定的，而是由两组相对基因或相对染色体之间的关系决定的。

低等植物的性别及其意义

雌雄性别术语的问题，在最近关于某些伞菌或担子菌类的（Basidiomycetes）的研究结果中最为突出。根据汉纳（Hanna）的说法，在这个群体中，“雌雄性别问题引起了真菌学家的注意已经有 100 多年了”。M.Bensaude 女士（1918 年）、克尼普（Kniep，1919 年）、Mounce 女士（1922 年）、布勒（Buller，1924 年）和汉纳（1925 年）的发现，揭示了一个非常有趣的情况。为了叙述简便，这里只引述了汉纳最近的论文。汉纳采用一种新方法，可以从伞菌的菌褶里分离出单个孢子。从每个孢子中可以培养出一株菌丝体，并在粪胶培养基中生长。让每株单孢子的菌丝一株一株地彼此接触，这样便能够鉴别出各株的性别。这些组合中的某些彼此联合，形成一株两级菌丝体，其上长着“锁状连合”，从而表明原来的两株菌丝体是“不同性别”的。后来，这种菌丝体形成了子实体或伞菌。另一方面，其他的组合，如果配在一起，却不能形成具有锁状连合的两级菌丝体，而且也不产生子实体。作者把这种联合解释为有关的菌丝体是同性别的。

现在，把来自同一品系（即同一地区）的单孢子型菌丝体加以鉴定，结果如表 13 所示。两株单孢子型菌丝体联合后能形成锁状连合的，用“+”表示，不能形成的用“–”符号表示。表内菌丝体分为四群（属于同群的菌丝体被安排在一起），作者把这个结果理解为这个鬼伞（*Coprinuslagopus*）物种里的一个子实体的孢子，属于四群不同的性别。

表 13　单孢子型菌丝体测试结果

		AB			ab				Ab		aB
		51	52	54	55	57	58	59	50	56	53
AB	51	–	–	–	+	+	+	+	–	–	–
	52	–	–	–	+	+	+	+	–	–	–
	54	–	–	–	+	+	+	+	–	–	–
ab	55	+	+	+	–	–	–	–	–	–	–
	57	+	+	+	–	–	–	–	–	–	–
	58	+	+	+	–	–	–	–	–	–	–
	59	+	+	+	–	–	–	–	–	–	–
Ab	50	–	–	–	–	–	–	–	–	–	+
	56	–	–	–	–	–	–	–	–	–	+
aB	53	–	–	–	–	–	–	–	+	+	–

正如克尼普首先证明的那样，这四群可以在 Aa 和 Bb 两对孟德尔因子的假设下得到解释。当各个担子形成孢子时，如果成对的因子分离，每个伞菌将存在 AB、ab、Ab、aB 四种孢子，每一种孢子都发育成遗传组成上相同的菌丝体，如表 13 所示。只有那些含两个不同因子的菌丝体才会联合形成锁状连合。这意味着，四种性别中只有那些具有不同性别因子的菌丝才能结合起来。

还有一个细胞学背景，与上述这些遗传学的假设非常吻合。单孢子型菌丝体中的胞质内，单独存在着许多胞核。在两个菌丝体联合后，新（次级）菌丝体中的胞核是两两相接成对的。有理由认为，每对胞核中，一个胞核来自某个菌丝体，另一个胞核则来自另一菌丝体。假设在四个孢子在即将发育时发生了减数分裂，则每个孢子发育成一株新的减数菌丝体。这样的情况与高等植物和动物的减数分裂过程相吻合，从而使这些霉菌与二倍染色体减少到配子的单倍时所发生的遗传学结果相互一致。诚然，在鬼伞类和其近缘的物种里，二倍与单倍的关系还没有得到证明，但就目前所知，这似乎是对这一事实的正确解释。如果真是这样的话，遗传因子在这些伞菌里的分离，在原则上与其他植物和动物中的是一样的。

前面的关系，对任何一个地区的菌株都是成立的。如果对来自不同地方的菌株进行测试，也会得到一个不同寻常的结果。一个品系的所有单孢子型菌丝体与其他品系的所有单孢子菌丝体联合起来（即产生具有锁状连合的菌丝体等）。来自一个地区（加拿大埃德蒙顿）的一个子实体的 11 株单孢子型菌丝体与来自另一个地区（温尼伯）的 11 株单孢子型菌丝体的配对联合，当来自不同地方的菌株互相交配时，也得到同样的结果，如表 14 所示。汉纳所做的组合给出了鬼伞的 20 种性别，如果推广到其他地区的组合，这个性别的数目无疑会大大增加。

表 14　来自不同地区的单孢子型菌丝体配对联合

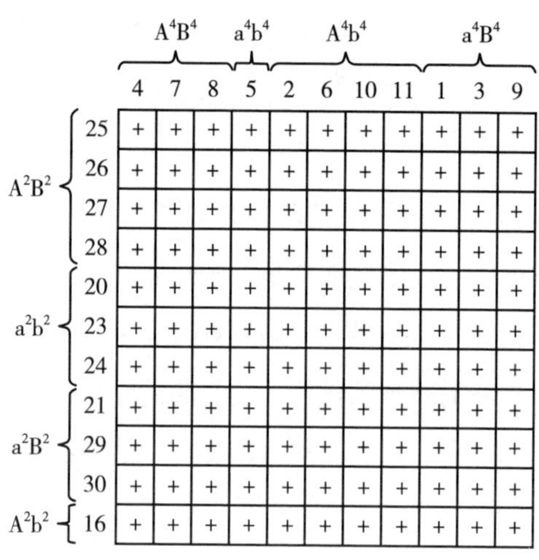

		A^4B^4			a^4b^4	A^4b^4				a^4B^4		
		4	7	8	5	2	6	10	11	1	3	9
A^2B^2	25	+	+	+	+	+	+	+	+	+	+	+
	26	+	+	+	+	+	+	+	+	+	+	+
	27	+	+	+	+	+	+	+	+	+	+	+
	28	+	+	+	+	+	+	+	+	+	+	+
a^2b^2	20	+	+	+	+	+	+	+	+	+	+	+
	23	+	+	+	+	+	+	+	+	+	+	+
	24	+	+	+	+	+	+	+	+	+	+	+
a^2B^2	21	+	+	+	+	+	+	+	+	+	+	+
	29	+	+	+	+	+	+	+	+	+	+	+
	30	+	+	+	+	+	+	+	+	+	+	+
A^2b^2	16	+	+	+	+	+	+	+	+	+	+	+

这里不仅进行了这种杂交，而且通过对杂交品系本身的实验，进一步检验了因子假说。如果把来自不同品系的因子视作成对的等位基因，一个品系的因子称为 Aa 和 Bb，另一个品系的因子称为 A^2a^2 和 B^2b^2，这两个变种菌丝体联合产生的杂种，将有 16 种之多。而每一株杂种菌丝体的行为方式，也和纯种菌丝体的行为方式类似，即只有没有共同因子的两株菌丝，才能形成锁状连合。

如果我们把所涉及的因子理解为传统意义上的性因子，那么，我们便会有着规模广泛的两性现象了。如果在这样的基础上，有利于雌雄性别的解释，我们也不会反对这种用法。我个人认为，采用伊斯特关于烟草调查结果来解释这些结果可能更简单一些，将所涉及的因子称为自交不孕性因子（见下文）。无论人们用什么语言来描述它们，原则上解释是一样的。

最近，哈特曼在其“相对的性别研究”论文中，阐述了他在海藻类（长囊水云）研究中得到的结果。这种从植物中释放出来的自由运动的游动孢子在外形上是一样的，但它们随后的行为可以分为“雌性”和“雄性”两类。前者很快就静止下来，而后者则继续成群结队一段时间，并围绕着一个雌性个体，如图 138 所示。

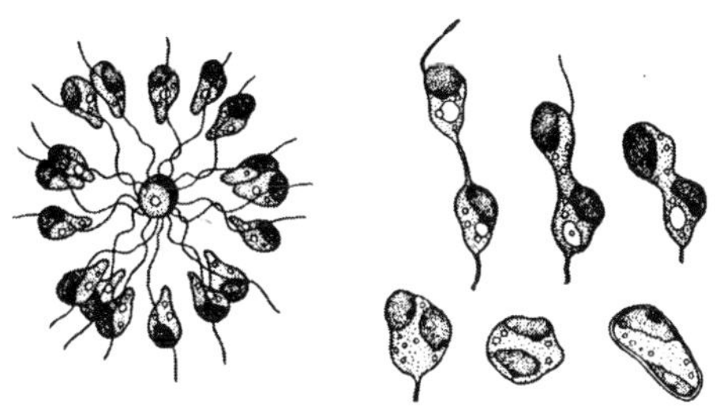

图 138　长囊水云的游动孢子

左侧是围绕一个“雌”配子运动的雄配子群，右侧是雄配子和雌配子的联合过程（仿哈特曼）。

一个雄性游动孢子与静止中的雌性游动孢子彼此融合。哈特曼首先把亲代植株一个一个隔离开来，等到游动孢子都被释放出来时，才对这些异株孢子之间的相互关系进行集体测试。一个典型的实验结果（在左侧），如表 15 的左侧部分所示，其中有联合的，用“+”表示，无联合的用“-”表示。

实验中，每一种孢子都用其他种孢子进行逐一检验。在大多数情况下，来自某一株的游动孢子对其他株的孢子，通常表现为雄性或雌性行为，但在少数情况下，游动孢子在一些组合中呈现雌性作用，在另一些组合中呈现为雄性作用。游动孢子在一些组合中呈现的作用，如表 15 所示。例如，4 号（见表 15 左侧）和 13 号之间的结果，与它们在其他组合中的反应不一致。另一个例外是在 35 号和 38 号之间的反应中发现的（见表 15 右侧），从两者的其他行为来看，都可以称为雄性，但两者彼此之间却呈现雄性和雌性的相互反应。哈特曼根据某些个体在不同组合中所形成的“集群”数多少，把某些个体称为强雌性，而把其他个体称为弱雌性，并得出结论：弱雌性对于强雌性起着雄性作用，而对于强雄性则起着雌性作用。这些关系究竟会受到年龄因子（例如静止下来）或环境因子的多大的影响，并不完全清楚，尽管哈特曼认为，从游动孢子的检验结果来看，这些关系始终保持不变，似乎排除了这种解释。但可惜这些材料并不适于相关因子的遗传学分析。某个个体的配子的快速静止，是否可以作为判别其“性别”的指标，如果是的话，当一个弱雌性充当雄性时，这一点是如何改变的等等，并不明确。然而，来自同一植株的配子不能相互交配的现象，似乎与自交不孕及其相关的杂交生育力属于同一范畴。目前，将其作为性别的标准，也许主要依赖于个人的兴趣或定义。就我个人而言，如果不把性别一词，使用在关于性别的场合，似乎会造成混淆，因为这种现象是关于配子的联合与否，而不是用于通常理解的性别现象。

表 15　游动孢子在组合中呈现的作用

	3♂	4♀	5♀	7♀	11♂	13♀	14♀
3♂	−	+	+	+	−	+	+
4♀	+	−	−	−	+	+	−
5♀	+	−	−	−	+	−	−
7♀	+	−	−	−	−	+	−
11♂	−	+	+	−	−	+	−
13♀	+	+	−	+	+	−	+
14♀	+	−	−	−	−	+	−

	31♀	32♀	33♂	35♂	38♂	40♂
31♀	−	−	+	+	+	+
32♀	−	−	+	+	+	+
33♂	+	+	−	+	−	−
35♂	+	+	+	−	+	−
38♂	+	+	−	+	−	−
40♂	+	+	−	−	−	−

那么，把参与鬼伞的菌丝体和水云的游动孢子联合的有关因子称为自交不孕，而不是性因子，这样是不是更简单一些，也不容易引起混乱呢？伊斯特对烟草自交不孕的研究，最近取得了重要成果，关于经常研究的显花植物的杂交和自交不孕问题，首次建立了一个经过充分检验的遗传学基础。显花植物中的这些现象与鬼伞和水云中的配子联合有许多相似之处，虽然这一过程的操作方法可能并不完全相同，但有许多迹象表明，两者的遗传学和生理学背景可能是基本相同的。

伊斯特和 Mangelsdorf 在一篇简短的论文中，总结了几年来他们研究过的两种烟草品种（*Nicotiana alata* 和 *N.forgetiana*）杂交中的自交不孕遗传的问题。这里只提及最一般的结论。

通过特殊的操作，自交不孕个体经过 12 个世代，培育成几个自交的纯合的品系，由此获得了合适的材料来检验这个问题。我们可以用其中一个族的类型所产生的结果来举例。有 a、b 和 c 三类个体，其中任何一类个体与同类其他个体都是自交不孕的，而与其他两类的每一个体都是可孕育的，但正反交产生的后代却不相同。

例如，a♀同 c♂交配，产生的个体只有 b 和 c 两类，而 c♀同 a♂交配，产生的个体只有 a 和 b 两类。两类的个体数目总是相同，但在后代中从未出现过母型个体。上述现象可以这样解释，如果在这一族中存在 $S_1S_2S_3$ 三个等位基因，假设 a 类 =S_1S_3，b 类 =S_1S_2，c 类 =S_2S_3，如果每一类植株的雌蕊柱头能够刺激含异类自交不孕因子的花粉的生长，那么与实验结果就一致了。例如，植株 c（S_2S_3）只对含 S_2S_3 以外其他因子的花粉提供足够的刺激。则只有含 S_1 因子的花粉才能穿透花柱，同卵子受精。子代将是 S_1S_2（b 类）和 S_1S_3（a 类），数量相等。反之，在正反交中，a♀（S_1S_3）同 c♂（S_2S_3）交配，只允许含 S_2 因子的花粉穿透花柱，从而得到 S_1S_2（b）和 S_2S_3（c）两类。

上述结果是所有其他各族各类结果的代表，它解释了为什么雌型组合在后代中不存在，为什么正反交的子代是不一样的，以及为什么不管哪一个作为父方，子代的其他两个类别（无母型）的数目都是相等的等问题。

有几种方法可以检验这一假设是否合理。检验结果证实了这个假说。这一令人信服的分析，是经过精心设计的遗传学实验的结果，对困惑了学者 75 年多的未能解决的受精问题做出了重要贡献。该解决方案不仅是对该案例的精辟的遗传学分析，而且使人们对单倍型花粉管和雌性二倍型雌蕊组织之间的生理反应，也有了深入了解。通过直接观察表明，花粉管在雌蕊组织中的生长速度与实际存在差等生长率的观点是一致的。这种关系的性质目前还不清楚，但可以假定是相互影响的。有可能相同或类似的化学反应及其遗传基础可以解释，在低等植物里，不同遗传的菌丝体相互联合时观察到的自交不孕性。如果这一点能够被证实，那么，遗传问题就主要与孟德尔式的自交不孕因子有关。将这些因子与性别因子相比较，至少是传统上适用于雌雄异体躯体差异方面的性别因子似乎没有什么价值。诚然，在这些差异里，也有以产生相互联合为主要功能的卵子和精子的有关差异，但是，按照一般人的理解，这些功能同那些与雄性和雌性个体的身体结构有关的功能相比，表现不够突出。

第十六章
性中型

近年来，在雌雄异体的物种里发现了一些奇怪的个体，它们在不同程度上表现出雄雌两种性状的组合。目前，这些雌雄异株或性中型的现象，大致有四个来源：①性染色体与常染色体比例的变化；②与染色体数目变化无明显关系的基因内的变化；③野生种族杂交产生的变化；④环境的变化。

来自三倍体果蝇的性中型

一些三倍体雌果蝇的后代属于第一类性中型。当三倍体雌蝇的卵子成熟时，染色体的分布是不规则的，在放出两个极体后，卵子内留下不同数量的染色体。这样的雌蝇同有一组染色体的雄蝇交配，将产生几种后代（见图 139）。有理由相信，许多卵子没有发育，因为它们缺乏产生新个体的正确染色体组合。但在存活下来的卵子中，多数是二倍体（正常型），有一些三倍体以及少数性中型。这些性中型（见图 140）有三组常染色体和两条 X

染色体（见图 139），其公式为 3a+2X（或 3a+2X+Y）。尽管性中型的 X 染色体数目与普通雌蝇相同，但它的普通染色体却多了一组。由此可以看出，性别不是由实际存在的 X 染色体数目决定的，而是由 X 染色体与其他染色体的比率决定的。

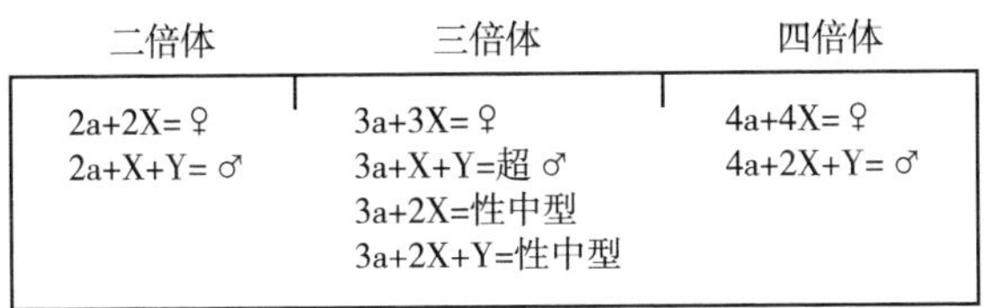

二倍体	三倍体	四倍体
2a+2X=♀ 2a+X+Y=♂	3a+3X=♀ 3a+X+Y=超♂ 3a+2X=性中型 3a+2X+Y=性中型	4a+4X=♀ 4a+2X+Y=♂

图 139　果蝇的二倍体、三倍体、四倍体与性中型的公式

4a+2X+2Y 四倍型雄蝇是想象的，除了这些类型外，三倍体雌蝇还产生超雌性：3a+3X（仿布里奇斯）。

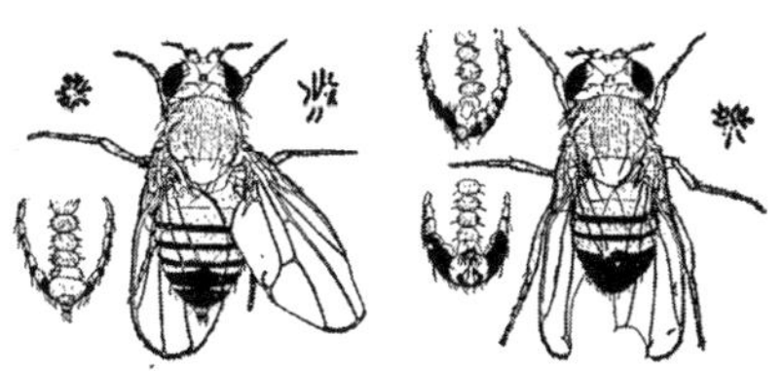

图 140　果蝇的超雌性和超雄性

左侧是果蝇的雌性性中型，从背腹两面观察。其染色体群包含两条 X、大型常染色体（Ⅱ和Ⅲ）各 3 条，通常还有小型第四染色体（这里有两条）。右侧是雄性性中型，从背腹两面观察。该染色体群包含两条 X、第二号和第三号染色体各 3 条，通常只有两条第四染色体（这里有 3 条）。

根据这些染色体之间的特殊关系，布里奇斯得出结论：性别是由 X 和其他染色体之间的平衡所决定的。我们可以认为 X 染色体有更多形成雌性的基因，而其他染色体有更多形成雄性的基因。普通雌蝇为2a+2X，两条X使平衡偏向雌性。在普通雄蝇中，只有一条X，于是平衡偏向雄性。三倍体3a+3X和四倍体4a+4X具有与普通雌蝇相同的平衡，因此，三倍体和四倍体也同普通雌蝇一样。对四倍体雄蝇，即4a+2X+Y（尚未获得），估计它会与普通雄蝇一样，因为两者的平衡是一样的。

从三倍体方面来看，没有关于性别决定基因存在的详细信息。如果我们只是从基因的角度来观察染色体，就会发现，性别决定与基因有关，但并没有证据表明基因究竟是什么样子。即使与基因有关，我们也不能说明X中是有一个代表雌性的基因，还是有数百个这样的基因。同样，对于普通的染色体来说，并没有证据能够说明，如果真有雄性基因的话，这类基因是在所有的染色体中还是只在一对染色体中。

然而，有两种方法，希望有一天能有助于我们发现一些影响性别基因的因素。X染色体可以断裂成片，从而揭示与性别有关的特殊基因的位置，如果真有这种基因的话。另一个希望在于基因突变的发生。如果其他基因都能发生突变，如果真有性别基因，那么，性别基因为什么不发生基因突变？

事实上，已经有一个性中型的案例，是由果蝇第二染色体突变产生的。斯特蒂文特（1920）研究了这个案例，发现它是由于第二染色体上的某些基因变化造成的，雌蝇转变成了性中型。可惜这项证据并没有证明是否只有一个基因受到了影响。

从前面所说的情况来看，虽然我们可以从基因的角度来解释性别决定公式，但目前没有直接证据表明存在任何特定的雄性和雌性的基因。可能有这样的基因，也可能是由所有基因之间的数量平衡决定了性别。但是，由于我们有很多证据表明，基因在所产生的影响上差异很大，所以我认为，某些基因可能比其他基因更具有性别分化的影响力，这似乎也是可能的。

毒蛾里的性中型

在毒蛾族间杂交中，戈德施密特进行了一系列非常有趣和重要的性中型方面的实验，毒蛾里的性中型如图 141 所示。

常见的欧洲毒蛾雌性（见图 141b）同日本的雄蛾杂交，子代雌雄各占一半。当杂交的方式相反时，即日本雌蛾同欧洲雄蛾杂交时，子代雄蛾是正常的，但子代雌蛾是性中型或类似雄性的雌性（见图 141c、d）。

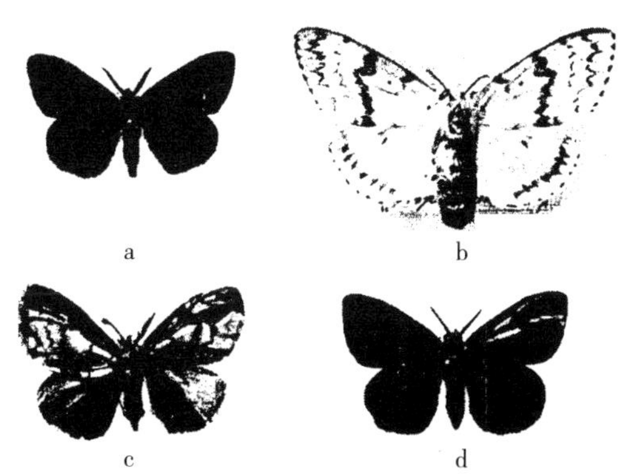

图 141　毒蛾里的性中型

a：雄毒蛾；b：雌毒蛾；c、d：两种性中型（仿戈德施密特）。

后来，戈德施密特在欧洲毒蛾和日本毒蛾之间，以及日本毒蛾的不同族之间进行了一系列精心设计的实验，其结果可以分为两系。在一系中，雌蛾最终都变成了雄蛾；在另一个系中，雄蛾变成了雌蛾。前者被认为是雌系性中型，后者被认为是雄系性中型。如果不考虑复杂的实验过程，戈德施密特的理论推论可以简要说明如下。

他所采用的雄性公式为 MM，雌性为 Mm，即 WZ–ZZ 公式。此外，戈德施密特还增加了另一组性别决定因子，最初称为 FF，在某种程度上代表了雌性性状。据说，雄性因子是分离的，就像一般的孟德尔因子一样，但 FF 因子不分离，且只能通过卵子传递。戈德施密特假定 FF 因子位于胞质里，尽管后来他倾向于将这些因子定位在 W 染色体上。

通过给大型 M（m 无数值）和 FF 各分配一个不同的数值，他建立了一个理论，借以说明为什么在第一次谈到的杂交里，从某一个方向进行时，会产生相同数目的雄性和雌性，从另一个方向则产生性中型。

同样，通过给其他每个杂交里的 M、F 各分配一个合适的数值，可以对杂交结果做出大体一致的说明。

在我看来，戈德施密特的这些公式的独特之处，不是分配给这些因子的数值，因为这些数值是任意的，而是这些结果只能通过假设雌性基因在胞质内或 W 染色体上来解释。在这方面，他的观点与布里奇斯从对三倍型果蝇研究中发现的情况不同，在三倍型果蝇里，相反的影响因子分别存在于 X 染色体和常染色体上。

戈德施密特最近（1923 年）报道了一些特殊的案例，他认为在这些案例中有证据表明，产生雌性的因子在 W 染色体上。其中一个案例与某些族间杂交有关，在这种情况下，通过“不分离”作用，雌蛾从父方那里得到一条 W 染色体（在他的公式中为 Y），从母方那里得到 Z，这与 Z、W 染色体的普通传递方式相反。实验结果证明雌性因子随着 W 传递。从逻辑上讲，这些证据似乎具有说服力，但另一方面，唐卡斯特（Doncaster）和塞勒都报道了一些特殊的雌蛾，它们有时也缺乏 W 染色体。这些雌蛾在各方面都和普通雌性相同，并繁殖同样的后代。[①] 根据戈德施密特的观点，如果雌性因子是在 W 染色体上，那么，这些雌蛾就不可能是雌性。

抛开戈德施密特的理论，这里有必要讨论一下他为解释性中型嵌合性状而提出的一个非常有趣的建议。性中型由若干雄性部分和雌性部分拼凑组成。戈德施密特设想，这是由于在胚胎里决定雄雌两种部分的时间先后不同而造成的。换句话说，族间杂种性中型的个体，在性别因子的某些组合中，起初是一只雄性，所以最早形成的胚胎器官是类似于雄性的。在后期发育中，雌性因子超过了产生雄性的因子，导致胚胎的后期阶段就像雌性，因此造成了这一类性中型的嵌合性质。

相反，另一型胚胎最初是在雌性因子的影响下发育的，胚胎

① *Abraxas* 的雌性和雄性都有 56 条染色体。唐卡斯特发现某个品系的雌蛾只有 55 条染色体，由此可知 *Abraxas* 雌蛾的染色体中很可能有 1 条 W 染色体。1 条染色体（假设是 W）的缺失，在雌性性状上看不出有什么区别。缺少这条染色体的个体总是雌性，由此可知，这条染色体极可能是 1 条性染色体，而不是常染色体。

的最初部分是类似雌性的。在后期阶段，雄性因子赶上并超越了雌性因子，于是发育了雄性器官。

戈德施密特一般将基因看作是酶，尽管有时他承认这些酶可能是基因的产物，这似乎更符合我们对基因性质的推断。究竟是所有的基因一直在发挥作用，还是所有或部分基因仅仅在胚胎的某些发育阶段才发生作用，在发现这些事实以前，我们只能推测。

性器官不发达的雌犊

人们很早以前就知道，牛的双胞胎中有一头是普通雄性，另一头是“雌性”，后者通常是不育的，这就是所谓的雄化雌犊（Freemartin）。雄化雌犊的外生殖器通常是雌性的，或更像雌性，但已经证明其生殖腺可能类似于睾丸。坦德勒（Tandler）和科勒（Keller，1911）指出，这种双胞胎（其中一头是雄化雌犊）来自两个卵，利耶（Lillie，1917）已经完全证实了这个事实。

坦德勒和科勒还指出，在子宫内的两个胚胎之间通过绒毛膜连接的血管，建立了循环联系（见图 142）。马格努森（Magnussen，1918）描述了很多各种年龄的雄化雌犊，并通过组织学查验，发现在老龄雄化雌犊中存在发育良好的睾丸状器官，即存在睾丸的性管状结构，包括肾小管、性索和附睾。查宾（Chapin，1917）和维利耶（Willier，1921）证实了这些观察，维利耶还详细说明了卵巢从“未分化期”阶段进入睾丸状结构的转变。

马格努森（误认为雄化雌犊是雄性）在“睾丸”中没有发现精子。他认为精子的缺失是睾丸留在体腔内（隐睾症）的结果。众所周知，在睾丸下降到阴囊里的哺乳动物中，如果睾丸滞留在腹腔内，便没有精子，但在早期胚胎里，当睾丸仍在体腔内时就会出现生殖细胞。根据维利耶的观点，在雄化雌犊中，所谓的睾丸中没有原始生殖细胞。

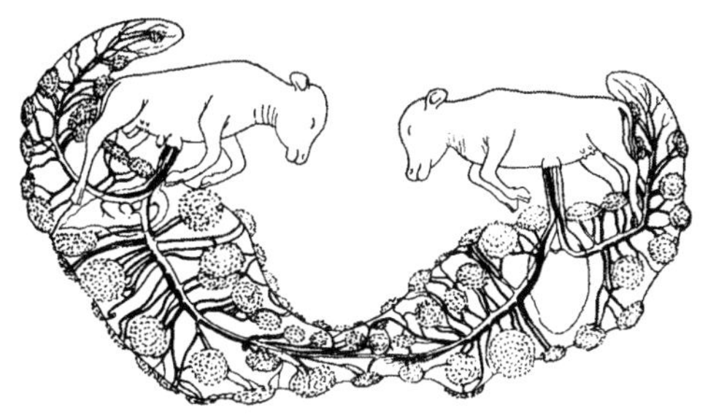

图 142　两头胚胎小牛，其中一头将发育成雄化雌犊，两者的胎盘联合（仿利耶）

利耶的结论是，雄化雌犊是雌性，它的生殖腺已经转变为一个睾丸状器官，这一结论得到了上述证据的有力支持，至于这究竟是雄性血液成分的影响，还是像他认为的，由于血液中睾丸激素的影响，还有待商榷，因为目前无法证明雄胎生殖腺所产生的任何特殊物质，能够对幼龄卵巢的发育产生这样的影响。既然雄胎的所有组织都具有雄性染色体组合，它的血液也可能具有与雌性血液不同的化学成分，因而影响了生殖腺的发育。人们普遍认为，幼龄的生殖腺同时含有卵巢和睾丸两种原基，或者如维利耶所说，“在性别分化的时候，在雄化雌犊生殖腺内发育的雄性结构的原基，都存在于卵巢中”。这些观察中最重要的事实是雄化雌犊没有雄性生殖细胞。双生公牛血液的影响并没有使原始卵细胞向产生精子的细胞方面转变。

包括人类在内的哺乳动物中，经常可以看到同时具有雄性和雌性两性器官，甚至包括卵巢和睾丸在内的个体。这些个体过去被称为雌雄同体，现在则被称为性中型或阴阳人。它们是如何产生的，尚不清楚。克鲁（Crew）报道了 25 个山羊案例，7 个猪的案例。① 克鲁认为，这些都是雄性的变性，因为它们都有睾丸。贝克（Baker）最近报道，在一些岛屿（新赫布里底群岛）上，性中型猪的存在极为普遍，“人们几乎在每个小村庄都能找到它们”。在他报道的一些案例中，这种性畸形的趋势是通过雄性遗传的。贝克认为它们可能是变异的雌性。②

① Pick 等早已描述过这样的个体，马 2 例，羊 1 例，牛 1 例。

② Prange 描述了 4 只雌雄同体的山羊，有体外雌性生殖器，但乳腺不发达。在性行为和毛色方面，它们与雄性相似。体内有雄性和雌性导管，但生殖腺却是睾丸（隐睾症）。

哈曼（Harman）女士曾描述过 5 只“雌雄同体”的猫，左侧有睾丸，右侧有卵巢。左侧的生殖系统与普通雄猫一样，右侧的生殖系统则与雌猫一样，只有输卵管的大小等不同。

第十七章
性转化

在较早的文献中，关于性别决定，经常有这样的观点：胚胎的性别是由胚胎发育的环境条件决定的。换句话说，幼龄胚胎是没有性别区别的，或者是中性的，它的命运是由环境决定的。我们没有必要重复这些表述，因为已经证明了这些观点都存在这样或那样的缺陷。

近年来，有一些关于性别转化的讨论。这意味着，已经被确定为雄性的，还可以转变成雌性，反之亦然。甚至有人认为，如果这种情况的发生能够被证明，那么，遗传学关于性别遗传的解释就不可信了，甚至会被推翻。

当然，必须指出，性别是由性染色体或基因决定的观点，以及可以影响个体发育的其他因素使通常被基因决定的平衡发生变化甚至转化的观点，两者之间没有任何矛盾。如果不理解这一点，就等于没有完全理解基因理论所依据的思想。因为这一理论所假设的不过是在特定的环境里，由于现有基因的作用，预计会产生某种特殊的影响。

在非正常环境里，一个遗传上的雄性可能会转变成雌性，或者相反，这并不奇怪，就像一个个体可能会在发育过程中的某个阶段表现为雄性作用，而在后期则表现为雌性作用。那么，是否有证据证明，一个具有雄性基因的个体，在不同的条件下，可能成为一个有作用的雌性，或者相反，这完全是一个事实问题。近年来，已经有几个这样的案例的报道，需要进行仔细且无偏见的审查。

环境变化的影响

1886 年，Giard 研究表明，当雄蟹被其他甲壳类动物（如 *Peltogaster* 或蟹奴）寄生时，它们的外部性状会发育成雌性类型，如图 143 所示。图 143a 所示为一只成年雄蟹，它有大型螯足，在图 143a′ 中，它的腹部下方有交媾的附肢。图 143b 所示为一只成年雌蟹，它有小螯足，在图 143b′ 中，它的腹部下方有刚毛二叶状的抱卵附肢。图 143c 所示为在早期阶段被感染的雄蟹，螯足很小，类似于雌性的蟹足，腹部宽，类似于雌蟹；图 143c′ 所示为被感染雄蟹的腹部，有小的二叶状的附肢，像雌性的附肢。

寄生虫将蔓长的根状突起侵入蟹体内，寄生虫通过吸收蟹体液生存，反过来也引起了螃蟹本身生理过程的变化。蟹的精巢起初可能不受影响，但后来却退化了。至少在一个案例中，杰弗里・史密斯（Geoffrey Smith）发现，当寄生虫脱离蟹体后，在再生的精巢内有大的生殖细胞，他认为这是卵子。

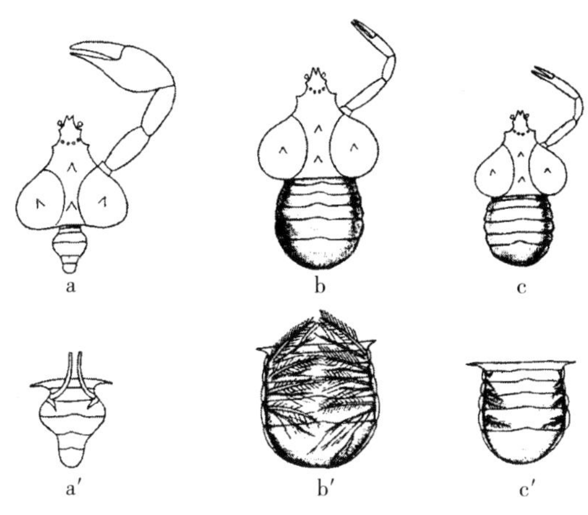

图 143　蜘蛛蟹

a：正常雄蟹；a′：从腹面看正常雄蟹的腹部；b：正常雌蟹；b′：从腹面看正常雌蟹的腹部；c：被寄生的雄蟹；c′：从腹面看被寄生雄蟹的腹部（仿杰弗里·史密斯）。

蟹体的变化是由于精巢被吸收，还是由于对宿主有更直接的作用，Giard 并没有给出结论。杰弗里·史密斯提供了一些关于血液中脂肪的证据，并提供了蟹体的变化是由于对宿主的生理影响这一观点的某些论据。在甲壳类动物中，没有证据表明生殖腺的破坏是否会影响第二性征。

在一些昆虫里，在生殖腺摘除方面的证据可以证明：摘除精巢或卵巢并不改变第二性征。因此，在 Kornhauser（1919）描述的一个案例中，在被膜翅类昆虫（*Aphelopus*）寄生的甲虫（*Thelia*）中，雄性表现出雌性的第二性征，或至少没有发育成雄性的第二性征，这就更加重要了。

虽然大多数甲壳类动物都有雌雄之分，但也有少数情况，在一种或两种性别里，卵巢和精巢同时存在，还有少数情况，幼龄雄虫的精巢内可能有大型卵形细胞。一些小龙虾也被描述为性中型，但还没有已知完全转化的情况。[①]

在水蚤和亲缘关系相近的类型里，一些观察者（Kuttner、Agar、Banta 等）描述了其性中型个体，但还没有已知的完全转化的情况。

塞克斯顿（Sexton）和赫胥黎（Huxley）最近描述了水虱（*Gammarus*）的一些个体，这些个体被称为雌性性中型，“在达到成熟时，或多或少与雌性相似，但逐渐变得与雄性越来越接近”。

大多数藤壶是雌雄同体的。但在一些属内，除了固定的大型雌雄同体类型外，另有微小的相辅的雄性，并且有少数物种只有固定的雌性和相辅的雄性。固定的个体通常被认为是真正的雌性，但杰弗里·史密斯却认为，如果一个自由游动的幼虫固定下来时，它就会长大，经雄性阶段变成雌性，但如果一个自由游动的幼虫附着在雌性个体上，它就只发育到雄性阶段。这似乎意味着，环境决定了一个未发育的个体是发育成雌性，还是在发育过程中被阻止而成为雄性。

最后一种情况，类似于 Baltzer 所描述的另一种软体后螠（Boneilia）。如果一个自由游动的后螠幼虫附着在雌螠的吻上，它就会保持极小的体积，并发育出精巢；但如果它独自定居下来，就会发育成大型的雌性个体。这些证据并不能完全排除有两种个体以一种或另一种方式分化的可能性，但 Baltzer 的解释似乎

① 参考法森（Faxon）、海（Hay）、奥特曼（Ortman）、安德鲁斯（Andrews）和特纳（Turner）的观点。

说明这是极其可能的。

如果上述对藤壶和后蚁的解释是正确的，则意味着这些类型的性别是由环境条件决定的，或者，就基因而言，所有的个体都是相同的。①

与年龄有关的性别变化

在动物和植物中，生物学家们都熟悉一些案例，其个体可能先是表现出雄性作用，后来又表现出雌性作用，反之亦然。但是，发生性转化的特殊情况，是那些原来已知其性别是由其染色体组合所决定的，但据说在罕见的情况下，它们可以在不改变其染色体组合的情况下转变性别。

根据南森（Nansen）和坝宁安（Cunningham）的报道，盲鳗（*Myxine*）在幼龄时是雄性的，后来才转变成雌性。但后来的Schreiners观察表明，虽然幼龄盲鳗是雌雄同体的（生殖腺的前端是精巢，后端是卵巢），但在机能上并非如此。后来，每个个体都变成了真正的雄性或雌性。

饲养剑尾鱼（*Xiphophorus helleri*）的人们，在不同时期都有雌鱼会转变成雄鱼的报道，但不幸的是，至今还没有关于雄鱼转变成雌鱼的报道。尽管至少在一个案例中发现了成熟的精子，但

① 按照Gould的说法，如果舟螺（*Crepidula plana*）的幼螺在雌性附近定居，那么它一开始就会变成雄性，并永久保持这种状态；但如果幼螺远离大个体定居，那么就无法发育出精巢，后来就转变成了雌性。

这些转化的雌性产生的后代的性别究竟是什么，并无记载。最近埃森伯格（Essenberg）研究了这种幼鱼的生殖腺发育过程。在出生时，鱼的大小为 8mm，生殖腺处于“中性阶段”，腺内含有两种细胞，同由腹膜发育而来。在鱼长 10mm 的时候，雌雄有别：雌鱼原生殖细胞逐渐转变为幼小的卵子；雄鱼的生殖细胞（精细胞）仍然来自腹膜细胞。在鱼体长 10 ~ 26mm 的未成熟时期里，埃森伯格记录了 74 条雌鱼和 36 条雄鱼，其中雌鱼里含退化型，即那些正在从“雌性”转变为“雄性”的雌鱼。根据 Bellamy 的记录，成鱼的性别比率为 75 ♂∶25 ♀。这种变化似乎不是源于生存能力的差异，而是源于“性别转化”。这种变化最常发生在体长为 16 ~ 27mm 的鱼里，但也可能发生在更晚的阶段。数据表明，近半数的“雌鱼”转变成了雄鱼。然而，这并不意味着有作用的雌鱼已经转变成了雄鱼，而是半数的幼龄“雌鱼”由于有了卵巢而被认为是雌鱼，而卵巢后来转变成了精巢。最近 Harms（1926）在关于剑尾鱼的实验中，记录了已经没有生殖能力的老龄雌鱼转变为有作用的雄鱼的案例。这些转变后的雌鱼作为雄鱼繁殖时，只产生雌性后代，这意味着如果这条鱼是同型配子，则其全部有作用的精子都是带有 X 染色体的。

Junker 最近描述了一个关于具椽石蝇（*Perla marginata*）的奇怪的情况。幼龄雄蝇（见图 144）经过一个有卵巢的阶段，卵巢内含有不成熟卵。雄性含有 1 条 X 和 1 条 Y 染色体，雌性有两条 X 染色体（见图 145）。雄蝇的卵巢在成年后消失，精巢内会产生正常的精子。那么，这里我们必须做出这样的推断：在雄蝇的幼龄阶段，缺少 1 条 X 染色体并不足以抑制卵巢幼虫的发育，但当成为成虫后，它的染色体组合却发挥了作用。

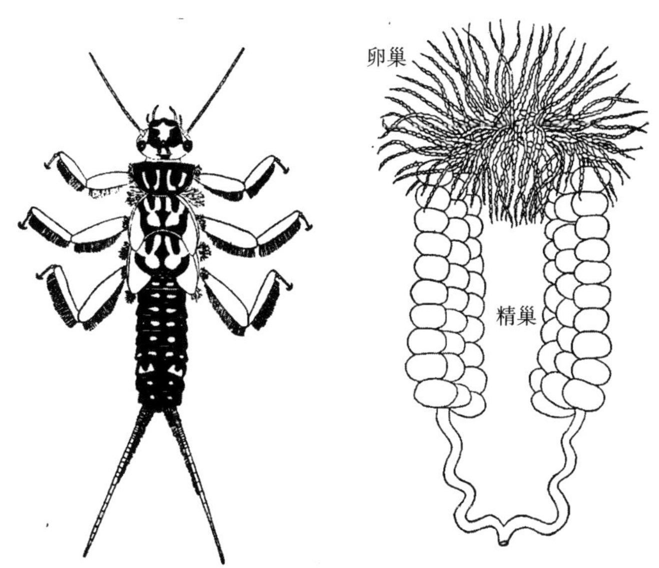

图 144　石蝇的幼虫及卵巢与精巢

左侧是具椽石蝇，右侧是一个幼龄雄虫的卵巢和精巢（仿 Junker）。

蛙类的性别和性转化

根据普夫鲁格（Pfluger）在 1881 年至 1882 年的研究成果，人们已经知道幼蛙的性率是很特殊的，而且在蝌蚪蜕变为蛙的时候，生殖腺往往表现为中间状态。这种个体究竟是雄性还是雌性，引起了很多争议。近年来，已经证明这些中间类型往往会变成雄性，甚至有人认为，在许多族内的雄性都会经过这个阶段。

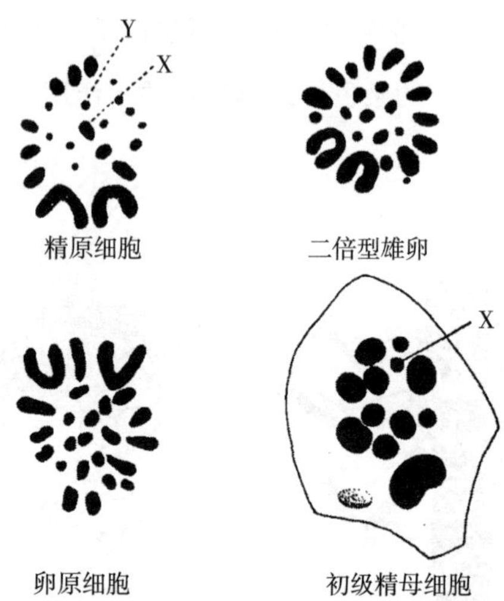

图 145　具椽石蝇的精原细胞和卵原细胞，以及二倍型雄性卵子的染色体群（仿 Junker）

理查德·赫特维希（Richard Hertwig）的实验表明，推迟蛙卵的受精时间，会大大增加雄性的比例，在极端情况下，所有个体都会转变成雄性。但将延迟受精的改变与染色体改变联系起来的尝试还没有成功。

有进一步的研究表明，由于没有认清异族的蛙在精巢和卵巢的发育上表现出的显著差别，导致早期的研究结果被掩盖。维茨基（Witschi）的研究表明，欧洲山蛤（*Rana temporaria*）一般有两类或两族。其中一类的精巢和卵巢直接从早期生殖腺内分化出来，这一族住在山区和遥远的北方。另一族生活在山谷和欧洲中部，其雄性个体的生殖腺会经过一个中间阶段，腺内有未成熟卵子的大细胞。

这些细胞后来被一组新的生殖细胞取代，变成真正的精子。这些族被称为未分化族。

斯温格（Swingle）还在美洲牛蛙中发现了两类或两族，广义上讲，其中一族的精巢和卵巢很早就从原生殖腺内分化出来。另一族则分化较晚。在第二族的雌蛙中，原生殖腺的大细胞后来成为真正的卵子，但雄蛙的原生殖腺在雌蛙分化后还会持续一段时间，它的大细胞可以分化成精子。然而，这些细胞后来大部分被吸收，其中一些仍未分化的细胞成为真正的精子。斯温格并没有把雄蛙原生殖腺的大细胞当作卵子，而是称为雄性的精母细胞，并且证明了这些细胞经过一次不成功的成熟分裂后，大多数都被破坏了。换句话说，雄蛙并没有经过一个雌蛙阶段，而是在其第二次成熟分裂后，分化之前，进行了一次失败的形成精子的尝试。

无论对生殖腺内的大细胞作何解释，目前要讨论的重点是，外部或内部条件是否会影响未来雌蛙的原生殖腺，使其后来产生有用的精细胞。维茨基的研究结果表明，在中性族内有过这样的转化。

维茨基对比了德国和瑞士各地不同观察者得到的性率，如表 16 所示。表的最右边一栏表示雌性所占比例。从表 16 可以看出，在前两群（第Ⅰ群和第Ⅱ群）中，性率约为 1∶1，而在后三群（第Ⅲ、Ⅳ、Ⅴ群）中，雌性比例较高，有的区域最高达到一对雌雄所生的全部个体可以完全是雌性（100%）。它们都属于中性族。

维茨基发现的最重要的事件，与分化族和未分化族两者性率差异的遗传有关。赫特维希用异族的雌性和雄性进行杂交，情况

表 16　不同地域的各种山蛤在紧接变态以后（最多两个月）的性率

（有 * 号的是在野外捕获的）

群	地域	作者	被检查的动物数目	雌性百分率（%）
Ⅰ	乌尔斯普元搭尔	Witschi（1914 b）	490	50
	塞尔提塔	Witschi（1923 b）	814	50
	斯皮搭尔（布顿）	Witschi	46*	52
	里加	Witschi	272	44.5
	哥尼斯堡	Pflüger（1882）	370	51.5
			500*	53
Ⅱ	埃尔萨斯	Witschi	424	51
	柏林	Witschi	471	52
	波恩	Witschi	290	43
	波恩	v.Griesheim und Pflüger（1881—1982）	806	64
			668*	64
	威塞尔	v.Griesheim（1881）	245*	62.5
	罗斯托克	Witschi	405	59
Ⅲ	格拉洛斯	Pflüger（1882）	58	78
Ⅳ	洛赫豪森（慕尼黑）	Witschi（1914 b）	221	83
	多尔芬（慕尼黑）	Schmidtt（1908）	925*	85
	乌德勒支	Pflüger（1882）	780	87
			459*	87
Ⅴ	弗里堡（巴登）	Witschi（1923a）	276	83
	布勒斯劳	Born（1881）	1272	95
	布勒斯劳	Witschi	213	99
	埃尔萨斯	Witschi	237	100
	依尔琴（豪森）	Witschi（1914）	241	100
		总　计	10483	

如下：

（1）未分化族♀配分化族♂＝69 未分化型＋54♂

（2）分化族♀配未分化族♂＝34♀＋52♂

在（1）中，子代雌性都是未分化型；在（2）中，子代雌性分化得很早。维茨基得出的结论是：分化族的卵子比未分化族的卵子，具有更强的雌性决定作用。

在另一个实验里，赫特维希用“雌性决定能力”（Kraft）强弱不同的各个未分化族进行了杂交。得出的结论是，强精子和弱卵子结合与弱精子和强卵子结合产生的结果相同。“同一类型的卵子和成雄精子，具有相同的遗传成分”。

几年来，蛙类的染色体成分问题一直备受争议，不仅涉及究竟有多少染色体，还涉及二型配子，究竟是雄性或雌性。几个物种的染色体数目最可能是 26 条（n=13），但也有其他数目（24、25、28）的报道。根据维茨基最近的记录，山蛤有 26 条染色体，包括雄性的一对大小不等的 X、Y 染色体在内（见图 146）。如果这点被证实，则雌性是 XX（同源配子），雄性是 XY（异源配子）。

普夫鲁格（1882）、赫特维希（1905）以及后来的 Kuschakewitsch（1910）都已经证明，过熟的卵子会提高雄性的比例。但这些实验并不是用同一只雄性动物和同一组卵子进行的，所以其结果是值得怀疑的。赫特维希指出，低温效果和过熟效果有许多相似之处，许多胚胎是畸形的。维茨基证实了赫特维希的观点（用 Irschenhausen 族）。过熟到 80 ~ 100h 的卵子，预计可发育成

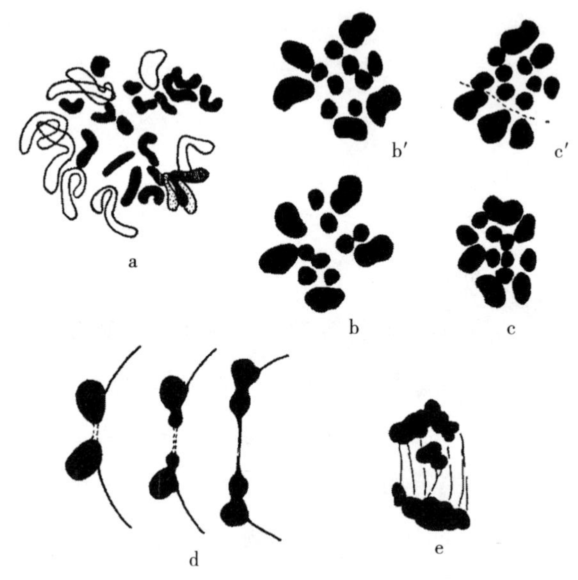

图 146 山蛤的染色体群

a：二倍型雄性染色体群；b、b′：第一次精母细胞分裂的后期，各有 13 条染色体；c、c′：同前；d：第一次精母细胞的 X 和 Y 在第二次精母细胞分裂中的分离（仿维茨基）。

74♀、21♂和 20 条中性蝌蚪。①

赫特维希比较了正常卵子和延迟卵子（间隔 67 小时）的性率，结果如下：由正常受精而来的 49 日龄幼虫（在变态前），有 46 个中性♀；由延迟受精而来的幼虫，有 38 个中性♀和 39♂。在大约 150 日龄的正常蛙中，有些是分化型的雌性，有些是生殖腺方面是中性的雌性，有些是雄性（数目不详）；从延迟受精的卵子中，得到 45 个中性♀和 313 个♂。一岁的蛙有 6♀和 1♂（正

① 蝌蚪的死亡率为 20%，幼蛙的死亡率为 35%。

常受精）以及 1 ♀和 7 ♂（延迟受精）。这里的过熟作用似乎可以加速雄性的分化，并将中性个体（这里指未分化的雌性）转化为雄性。

究竟如何解释卵子过熟的结果，仍然不是很明确。从表面上看，这些结果似乎表明，正常应该成为雌性的个体可以变成雄性。这种方式获得的雄蛙的精子，其性别决定的情况究竟如何，目前还没有进行过遗传学检验。从理论上讲，这些精子应该是同型配子。在自然条件下，这种个体似乎是很难生存和发挥作用的，否则过熟的情况一定不会稀少，实际上正常雄性产生 100% 的雌性几乎是不存在的。维茨基指出，过熟卵经历了异常分裂，他发现少数胚胎显示出内部缺陷，但这些缺陷与雌性转化为雄性的关系并不明显。

维茨基于 1914 年至 1915 年的实验证明，通过外在因素将生殖腺未分化的或雌雄同体的生殖腺（或原生殖腺）还未成熟的个体转化为雌性，这是可能的。

Ursprungtal 族的蝌蚪可能是一个分化族，这族的蝌蚪在 10℃时，有 23 只雄性和 44 只雌性；在 15℃时，有 131 只雄性和 140 只雌性；在 21℃时，有 115 只雄性和 104 只雌性。显然，这一族蝌蚪的性别不受温度影响。

另一方面，Irschenhausen 族的蝌蚪，在 20℃下饲养时，有 241 只未分化的雌性，在 10℃下饲养的 6 批蝌蚪里有 25 只雄性和 438 只雌性。根据这个结果，维茨基得出结论：低温是一种雄性决定因素，但不应该忽视的是，这些所谓的雌性中有许多后来会发育成雄蛙。他在后来对这些实验的描述中说道:“低温使雄性转变成雌性早熟的雌雄同体，这也是未分化族的正常现象。”

因此，这里除了真正的雄性状态延缓以外，是否还有别的因素，目前尚不明确。

根据现有证据，可以得出一个暂时的结论，在未分化族内，正常会成为雌性的一半个体中，它们的生殖细胞可能会转变为精细胞，或者被来自另一来源的并且会成为精子的细胞取代。换句话说，蛙体内通常足以产生雄性或雌性的那种基因平衡，可能会被环境因素“破坏”，精巢可能会在内部完成染色体平衡，并在产生雌性的个体身上发育。换句话说，每只蛙都能同时发生精巢和卵巢。在正常情况下，XX 型的个体只发育卵巢；但在特殊条件下，XX 型的雌蛙可能会出现精巢。相反方向的变化是否可能，还没有得到证实。

有许多关于“雌雄同体”成蛙的记载（见图 147）。克鲁列出了 40 个最近的案例。尚不清楚这些雌雄同体的蛙是否与前面

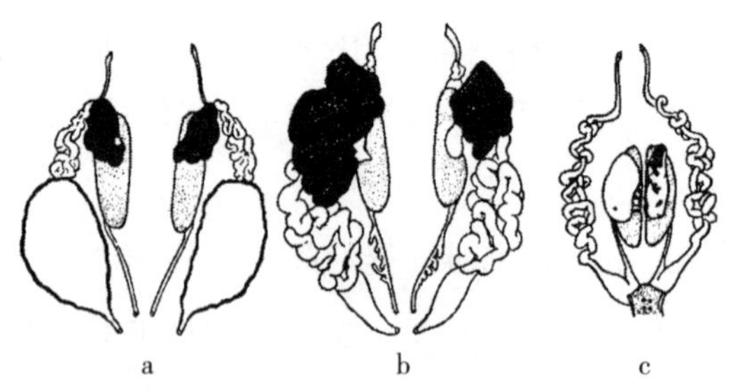

图 147　蛙类的雌雄同体状态

3 只雌雄同体型蛙的泌尿生殖系（仿克鲁和维茨基）。

描述的性转化有关系。也许有意义的是，从这些实验中也发现了一些雌雄同体的情况。另一方面，有些雌雄同体也可能有不同的起源。没有太多的证据表明，它们是由于染色体的排除而造成的雌雄体或嵌合体，因为只有在极少数情况下，才会出现生殖腺以外的附属性器官不对称的现象，而且生殖腺组织经常是不规则分布的。此外，如果雌雄同体型的精子和卵子都是同源配子的证据是有效的，那么，由于染色体的解释，也就失去了根据。

维茨基从一个雌雄同体（Hh）的个体里，成功获取了成熟的精子和卵子，并用另一个分化族的精子和卵子进行了测试，结果如下：

（1）分化族的卵子配雌雄同体型的精子 = ♀♀

（2）雌雄同体型的卵子配分化族的精子 =50% ♀ + 50% ♂

（3）雌雄同体型的卵子配雌雄同体型的精子 =45 ♀ +1 雌雄同体

以上结果表明，原来的雌雄同体型雌蛙是 XX。每个成熟卵子有一条 X。同样，每个有作用的精子也一定有 1 条 X。这样必然得出下面的结论，要么每条精子都有 1 条 X，要么一半有 X，一半没有 X，不过后一种精子在母体内死亡了（即从来没有过任何作用）。①

---

① 克鲁（1921）报道，他已成功地用雌雄同体的精子使正常雌蛙的卵子受精。在每个蝌蚪中，生殖腺都是直接发育出来的。所有发育到足以确定性别的子代（774）都是雌性。母蛙可被视为一个真正的 XX 型雌性，其产生的卵子和精子都有 1 条 X 染色体。

维茨基（1928）将发育 7 周后的 *Rana sylvatica* 雌性蝌蚪放在 32℃环境下，使所有雌性的卵巢转变为了精巢（内有原精细胞）。雄性则保持不变。（1928 年添注）

雄蟾的 *Bidder* 器向卵巢的转化

雄蟾的精巢前部由圆形细胞组成，类似于幼龄卵细胞（见图148）。甚至在精巢的较后部分或精巢本身的生殖细胞分化之前，幼蟾的精巢前部就已经很明显了。前部称为 *Bidder* 器，多年来引起了动物学者的兴趣，他们对其可能的功能提出了许多看法。最常见的解释是把 *Bidder* 器当作卵巢，*Bidder* 器的细胞与卵子相似性，为这一解释提供了有力的支持。但在幼雌蟾真正卵巢的前端也有一个 *Bidder* 器，这很难与前面的解释相一致，否则，雌蟾在前端就会有一个退化卵巢或祖型退化卵巢，而后端又有一个有作用的卵巢。

图 148　蟾蜍的 *Bidder* 器

加利福尼亚州一种半成年雄蟾，精巢前端有 *Bidder* 器。脂肪体的叶片位于两侧，肾脏在下面。壁上有分支血管的为精巢。

Guyenot、Ponse（1923 年）以及 Harms（1923 年，1926 年）的实验先后表明，当精巢被完全从幼蟾身上摘除时，*Bidder* 器在两三年后会发育成一个卵巢，并产生卵（见图 149）。卵子受精后从母体排出，可以观察到其正处于发育状态。毫无疑问，在摘除精巢后，产生了一个雌性个体，至于被手术的个体应该被称为雄性，还是雌雄同体，也许是一个定义的问题。我认为，应该将上述蟾蜍称为雄性，并将这一结果解释为：由于摘除了精巢，雄性才转变成了雌性。雄蟾器官里的细胞有可能发育成卵细胞这一点，还只是一个次要的问题，因为一般来说，即使性别是由染色体机制决定的，也并不意味着，位于身体中生殖腺发育部位的未分化的细胞，由于具备了在另一种情况下产生雄性的染色体群就不会在不同的环境下成为卵细胞。就基因而言，蟾蜍的基因平衡是这样的：在正常的发育条件下，生殖腺的一部分（前端）开始发育成卵巢，而另一部分（后端）开始发育成精巢。随着发育的

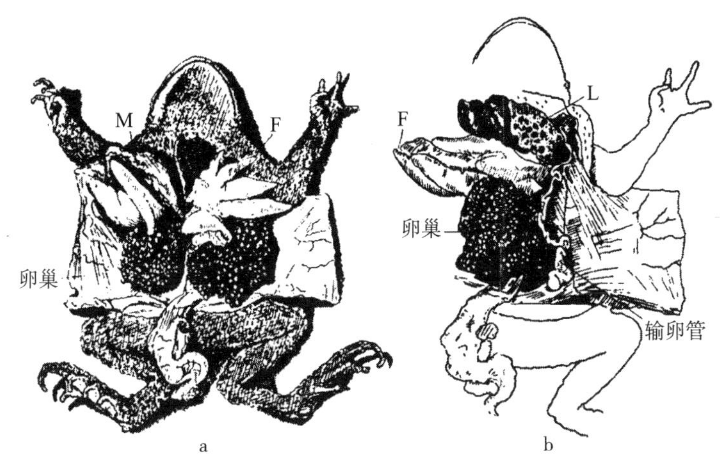

图 149　摘除精巢以后，*Bidder* 器转化为卵巢

摘除精巢三年后的蟾蜍，*Bidder* 器已经发育成了卵巢。在图中（右侧），卵巢被翻转到另一侧，以显示胀大的输卵管（仿 Harms）。

进行，卵巢的发育超过了精巢，并抑制卵巢进一步的发育。但如果摘除了精巢，这种抑制就会消失，*Bidder* 器的细胞就会继续发育成有作用的卵子。Ponse 从转化了的雄蟾的卵子得到 9 只雄蟾和 3 只雌蟾。哈姆斯从同一雄蟾发育成了子代的 104 只雄性和 57 只雌性。假定雄蟾是 XY 型，则预计转化后的雄蟾的卵子将是 X 型和 Y 型，各占半数。如果这些卵子同正常雄蟾的精子受精，预期后代将是 1XX+2XY+1YY。YY 型个体多数无法发育，从而形成雌雄 1∶2 的比例，这与实际结果非常吻合。

Champy 描述了蝾螈（*Triton alpestris*）"完全性转化"一个的案例。一只蝾螈本为可育雄性，有生殖力，后来作断食处理。在这种情况下，精子无法进行正常的更新，但蝾螈仍然处于一种"中性状态"，其特点是精巢内有了原生殖细胞。它在整个冬季都保持这种状态。两只被断食处理过的雄性蝾螈，通过加强营养，颜色从雄性变为雌性。几个月后，检查其中一只，Champy 认为检查结果为性转化提供了证据。

鉴于这个案例最近被引用为性转化的充分证据，所以值得对 Champy 的真实记录做一些详细说明。他发现的不是卵巢，而是在卵巢的位置上有一个细长的器官，类似于小卵巢。当切片时，发现它有幼小的卵形细胞（卵母细胞），类似于蜕变阶段幼螈的细胞。还一条输卵管也很明显，白色而曲折，清晰可辨。

Champy 的结论是，这里看到的是一只具备幼雌螈卵巢的成年动物。这项证据似乎表明，断食处理导致了精母细胞和精子的吸收，但并没有明确指出取代它们的新细胞是胀大的精原细胞，还是原生殖细胞，或是幼小的卵子。根据两栖动物的其他证据（Witschi，Harms，Ponse），这些细胞实际上是幼小的卵细胞，并发生了不完全的性转化，这似乎也是可能的。

Miastor 的性转化

在 *Miastor* 和 *Oligarces* 两属的果蝇中，通过单性生殖产生的蛆，在连续几代之后，才出现有性世代的有翅的雄蝇和雌蝇。

有翅雌蝇的卵子应该是同有翅雄蝇的精子受精，并发育到蛆（幼虫）阶段。这些不能发育到成虫阶段的蛆产生卵子，卵子又通过单性生殖发育成蛆。蛆又产生新一代的卵子，如此重复，终年不停。

蛆生活在死树的皮层下面，有些物种的蛆生活在伞菌里。在春夏两个季节，从上一代蛆虫的卵子孵化出了有翅的雄蝇和雌蝇。有翅蝇的出现，似乎与环境中的某些变化有关。在 1923 年至 1924 年，哈里斯（Harris）证明，由于许多蛆的存在造成了培养基的拥挤，如果条件合适，就会出现成虫，而如果蛆被隔离饲养或数量很少时，蛆将继续在幼虫阶段产生卵子（幼体生殖）。拥挤的有效因子究竟是什么，尚不清楚。哈里斯发现，如果把单个蛆产生的幼虫放在一起饲养，它们的后代又被保存在同一培养基中等，那么在每个这样的培养基中出现的成蝇都是同一种性别。这似乎表明，每只蛆在遗传成分上要么是雄性，要么是雌性，并通过单性生殖产生相同的性别。如果这个结论是正确的，则可以推论，决定为雄性的蛆和决定为雌性的蛆，都能产生有作用的卵子。目前，我们还没有与这些蝇类的性染色体分布有关的任何证据。

这里有这样一个例子，决定为雄性的个体，在生命周期的一个阶段产生了单性发育的卵子，在另一个阶段，则产生了精子。

鸟类的性转化

人们早就知道，老龄母鸡和患卵巢肿瘤的母鸡可能会生长出公鸡的第二性征——次级羽，而且它们有时会表现出公鸡的行为。人们还知道，在完全摘除小鸡仅有的左侧卵巢后，到成熟时，鸡便会出现雄性的第二性征。这两种效应都可以根据以下假设来解释：母鸡的正常卵巢会产生某些特质，可以抑制羽毛的充分发育。当卵巢发生病变或被摘除时，母鸡就会把它遗传成分的全部可能性都表现出来，这通常情况下只能在公鸡身上才能看到。

人们还知道，有些鸡是雌雄同体的，同时存在卵巢和精巢，尽管两者通常都没有完全发育，而且在大多数情况下，生殖腺内部都有一个肿瘤，但这一点并不重要。这里的疑问是，先有雌雄同体的状态，后有肿瘤，还是先有正常母鸡的卵巢肿瘤，然后精巢才开始发育。在这些案例中，没有一个是在某一时期先为雌性，后来又作为雄性发挥作用的性转化的证据。然而，最近克鲁（1923 年）报道了一个案例，据说一只母鸡产了蛋，并且繁育了小鸡（是否从这些蛋中孵出？），小鸡后来变成了一只有生殖能力的公鸡，同一只正常母鸡交配，得到两个受精的蛋。公鸡授精这件事，这个结果是在受控条件下获得的，似乎没有问题，但这只母鸡以前的历史也许不一定完全可信，因为它显然是一个小群中无记录可查的一只鸡，缺乏直接观察或捕笼产蛋的证据来表明这个产蛋是有迹可寻的。当这只鸡被杀死后，发现它的卵巢上有大的肿瘤。"在这个肿块的背面，有一个完全类似于精巢的结构，而身体另一侧的同一位置，也有一个外观类似的结构"。可以看到精巢内的精子发生的各个阶段。在左侧，"发现一条细长的输卵管，靠近排泄腔的部分最宽，直径达 3mm"。

里德尔（Riddle）记载了第二个案例。一只斑鸠（*Ring dove*）开始表现雌性的作用，连续产蛋。后来它停止产蛋，并经常表现出雄性的求偶和交尾行为。几个月后，这只斑鸠因晚期肺结核死亡。经过解剖发现，在误以为它是它的配偶（一只 17 个半月前死亡的公鸠）的情况下，被记录成了公鸠。后来，在确定它的编号和记录时，才发现它是一只母鸠，但"精巢"已经被扔掉了。这里没有记录被确定为精巢的部分是否含有精子。

鸟类卵巢摘除术的影响

完全摘除幼鸡唯一的左侧卵巢，是一个相当困难的手术。1916 年，古德勒成功地进行了几次这样的手术。这些鸟类长出了雄性的全部羽毛。古德勒还报道，在鸟体右侧有一个圆形体，有小管，他将其当作早期的生肾组织的小管。伯努瓦（Benoit）

最近也描述了卵巢摘除对幼鸟的影响。一般来说，对羽、冠和距的影响与古德勒研究的鸟类相同，但除此之外，他还描述了在退化的左“卵巢”的位置上，产生了一个精巢或类似精巢的器官，有时在摘除的左卵巢的位置上也有类似的器官。在一个病例中，发现了处于各个成熟阶段的生殖细胞，甚至还发现了精子核质固缩。当然，这个案例还需要进一步验证，因为这是目前记载的精巢状器官内存在精子，甚至是明显的生殖细胞的唯一案例。一只鸟的左卵巢在孵出后 26 天被摘除，6 个月后，鸟冠为红色、胀大、直立，和雄冠一样大。一个类似于精巢的器官在右侧发育，经组织学检验，发现其含有精子发生的各个时期的细精管。精子的胞核固缩，呈紫红色，精子的数量很少，显得很不正常。雄鸟的输精管从这个器官延伸到泄殖腔。在精巢基部也有一个类似于幼龄雄鸟附睾的管状结构，在这个类似精巢状器官内存在精子，这是唯一的记录。在伯努瓦做过手术的其他鸟体内，虽然发育了精巢状器官，但没有发现生殖细胞。有没有可能在上述案例中出现了什么错误呢，这只鸟实际上是一只雄鸟？应该补充的是，伯努瓦发现，在摘除精巢后，鸟冠缩小了，鸟变得像一只阉割的鸡。在其他案例中，还没有关于冠萎缩的报道。尽管如此，仍有可能存在含有精子的类似精巢的器官，这可能是引起冠和冠垂完全发育的原因。伯努瓦描述的另一个实验，鸟在孵出后 4 天被摘除卵巢，在 4 个月时出现了一个不平常的器官。检查发现，在右侧有一个类似精巢的器官。但没有关于其内含物的报道。

伯努瓦检查了一个幼龄正常雌鸟右侧未发育卵巢的组织学结构，他将其描述为与幼龄雄鸟附睾相同，具有有纤毛的输出管和精巢网（*Rete testis*）。他的结论是，鸟类的右生殖腺不是一个未发达的卵巢，而是一个未发达的右精巢，当左卵巢被摘除后，才会增大成为一个精巢。我认为，上述材料并不支持这个结论，因为众所周知，在脊椎动物的生殖器官发育早期，雄鸟和雌鸟都具备了雌雄两性的主要附属器官。因此，在正常发育过程（摘除左卵巢）受到干扰时，这些未发达的器官可能开始发育，并产生类似精巢的结构，在目前报道的大多数例子里，这种结构里都没有精子。左侧出现的球状器官，古德勒和多姆（Domm）曾分别报道过，似乎也支持这一观点，而不支持伯努瓦所提出的观点。

最近，多姆发表了一份关于幼鸟卵巢摘除术结果的初步报告（1924）。这些鸟长大后不仅在羽、冠和距上表现出雄性的第二性状，而且与正常的雄鸡打架、和雄鸡一样打鸣，并试图与母鸡交尾。有一只鸟在正常卵巢（已摘除）的位置上出现一个"白色的精巢状器官"。与该器官相关的还有一个小的卵巢滤泡。在右侧也有一个精巢状器官。另一只鸟的生殖腺与上例相似。第三只鸟的精巢状器官只存在于右侧。在这三个案例中，都没有报道器官内有生殖细胞或精子。

除非伯努瓦关于精子存在的结论得到证实，否则，这些案例还不能确定为严格意义上的性转化。除了这一独特的说法外，其他结果似乎都明确显示，在摘除卵巢之后，会出现一种在外形上类似于精巢的结构（除了精子）。我认为，这种器官在阉割后发生，至少暂时可以用原来在胚胎时期就存在的雄性器官原基的次生性生长和长大来解释。众所周知，移植一片精巢到雌鸟体内，这片精巢可以继续发育，甚至产生精子，因此，在雌鸟体内维持一个精巢，甚至是有作用的精巢，这并不令人惊讶。

总的来说，雌鸟的基因组成（存在于体细胞和幼龄卵巢中）似乎有利于卵巢的发育，而不是精巢的发育。相反，雄鸟的遗传成分，对精巢的发育是有利的。然而，雄鸟精巢的早期摘除并不足以引起卵巢状特殊结构的发生。

侧联双生蝾螈的性别

一些胚胎学家通过侧面愈合的方法，已经实现了幼龄蝾螈的联合。从卵膜里取出髓部褶皱刚刚闭合的幼胚，将各个胚胎一侧的部分组织截除，然后把两个胚胎的表面接合起来，很快就发生了愈合。伯恩斯（Burns）研究了这种联合双生（Parabiotic）的性别，发现同对的两个蝾螈总是同性别的：44 对都是雄性，36 对都是雌性。按照随机接合的结果，会有一对雄性、两对雌性。现在，由于在同一对里没有出现一雌一雄，因此，要么是这一类的双生类型死亡了，要么就是这一对里，一只的性别转化成了另一只的性别，而且雄性和雌性配对是同时存在的，由此可知，这种影响有时是正向的，有时是反向的。除非在相互影响上的差异方面，能够为这种情况找到某种解释，否则上述结果并不足以证明后一种解释的可能性（性别互相转化）。

大麻的性转化

许多显花植物在同一朵花里，有时在同株异化里，同时产生了含卵细胞的雌蕊和含花粉的雄蕊。花粉先于胚珠成熟，或者在其他例子里，胚珠先于花粉成熟，这些情况并不少见。在其他植物中，一个胚珠可能只在一株植株上发生，而花粉在另一植株上发生，即雌雄两性是分开的，物种是雌雄异株的。然而，在一些雌雄异株的植物里，另一性别的器官可能以未发育的状态出现；它们偶尔会有作用。科伦斯研究了一些这样的例子，并试图检验这些生殖细胞的性质。

最近，普里查德（Pritchard）、沙夫纳（Schaffner）和麦克菲（McPhee）用雌雄异株的大麻（*Cannabis sativa*）进行的实验表明，环境条件可以将一个产生雌蕊的植株（或雌性）改变为产生雄蕊甚至有作用花粉的植株，反之，可以将一株产生雄蕊的植物改变为产生有作用卵子的雌蕊植株。

在早春的正常季节播种大麻种子，会产生数目相等的雄性（雄蕊）和雌性（雌蕊）个体（见图 150），但沙夫纳发现，如果把种子种植在肥沃的土壤中，同时改变光照的时间，植物会在两个方向都显示出“性转化”，转化的数目与日光的长短大约成反比。“同样的环境会使雄株转变成雌性，又使雌株转变成雄性”，这乍一看令人惊讶，因为人们可能会认为相同的条件会使每一种植物趋向于中性或中间状态，或者只是一种性别趋向于另一种。事实上，类似的情况似乎正在发生，在雌株上出现了雄蕊，反之，在雄株上也出现了雌蕊。“性转化”大概是针对这个意义而言，尽管还有其他情况，即雌株的一个新枝可能只发生雄蕊，而雄株的一个新枝只发生雌蕊。在这些极端的情况下，几乎可以说“性转化”是发生在已变化的条件下发育出来的新部分。麦克菲也研究了不同光照时间长短的影响，他发现雄株可能产生带有雌蕊的枝条，反之亦然。不过他指出，与许多性中型花同时出现的，还有许多畸形花。他说：“在许多情况下，这种变化是相对较小的，目前还不能得出遗传因子与这些物种里的性别有无关系的结论。”

图 150　大麻的雄株和雌株

左侧是大麻的雌株，右侧是其雄株（仿普里查德，载于《遗传学》杂志）。

关于麻类是否存在内部性别决定因子体系（可能是染色体体系）的问题，目前还没有答案，目前我们只有麦克菲关于遗传证据的口头报告，但这份报告意义却是重大的。如果正常雌株大麻是同型配子（XX），正常雄株是异型配子，那么，当雌株转化为雄性时（或者更准确地说，产生有作用的花粉），所有的花粉粒在性别决定方面都是相同的，也就是说，这样的雄性是同型配子。麦克菲的口头报道支持这一观点。[①] 反之，如果雄株（XY）转变为雌性，那么，就会有两种卵子。这似乎已经实现了。

科伦斯早先报道了在其他植物方面的一些相似的成果，不过，关于配子种类的资料并不令人满意。我们希望很快就能得到有关这个问题的证据。同时，假设在大麻中存在性别决定的内部机制（可能是 XX-XY 型），那么，发现性别可以根据外部环境发生转化的发现，并没有什么特殊的意义，当然，这些结果在原则上也并不违背决定性别的性染色体机制的存在。这样的机制是使平衡在一定环境条件下倾向某一方面的一个因素。染色体机制的意义就是如此，此外再没有任何其他的解释。这种机制，可以被那些能改变平衡但又能保持在正常工作条件恢复时照常工作能力的外因所压倒。如果上述暂定结论得到证实，我们不可能再找到更好的关于这种关系的例子了，即在一个正常雄性是异性配子的物种里，一个同型配子的雌性转变成一个同型配子的雄性。事实上，这将为性别决定的遗传学解释提供另一个令人信服的证明，

① 在 1925 年的动物学会的会议上。

对于那些不能理解遗传学家对染色体机制和一般孟德尔现象的解释的人来说，这将是一个特别有启发性的证明。

另一种山靛属植物 *Mercurialis annua*，也是雌雄异体，但雄株上偶尔会出现雌花，同样，在雌株上也会偶尔出现雄花。一株雄性植物可能有 2.5 万朵雄花，只有 1 ~ 47 朵雌花，而雌株上的雄花可能是 1 ~ 32 朵。

Yampolsky 报道了这两类植物自交后的子代的性别情况。自交的雌株的子代全是雌性或主要是雌性。自交的雄株的子代是雄性或主要是雄性。

除非做出相当武断的假设，否则目前还不可能用 XX–XY 公式对这些结果作出满意的解释。例如，如果雌株是 XX，那么，它产生的全部花粉粒都应该有一条 X，因而所有子代应该都是雌性，事实确实如此。但是，如果雄株是 XY，那么，成熟卵子的一半应该有 X，另一半应该有 Y，花粉的情况也应该是如此。则自交的子代应该是 1XX+2XY+1YY。如果 YY 死亡，子代里雌雄的比例为 1 : 2。然而，实际结果并非如此。为了使自交的雄株只产生雄性，必须假定 X 卵子死于配子时期，只有 Y 卵子有作用。但到目前为止，还没有支持或反对这一假设的证据。在得到关于这个问题的证据之前，这仍是未解之谜。

第十八章
基因的稳定性

前面所讨论的内容，已经暗示了基因是遗传中的一个稳定要素，但它是否像化学分子那样稳定，或者是否只是在一个固定标准附近定量的变化而显得稳定，这是一个理论上的问题，或许也是根本上的重要问题。

既然不能凭借物理或化学方法直接研究基因，那么，关于其稳定性的结论，必须根据它的影响进行推论。

孟德尔的遗传理论假定，基因是稳定的。它假定每一个新体贡献给杂种的基因，在杂种的新环境里仍然保持完整。下面几个例子，将有助于回顾这一结论的证据的性质。

安达卢西亚（*Andalusian*）鸡有白色、黑色和蓝色三种个体。白鸡同黑鸡交配，其后代为蓝色鸡。两只蓝色鸡交配，子代分为黑色、蓝色和白色三类，三者比例为 1∶2∶1。在蓝色鸡内，白色基因同黑色基因分离。半数的成熟生殖细胞得到黑色要素，半数得到白色要素。任何卵子同任何精子受精，都会在孙代中得到可观察到的 1∶2∶1 的比例。

关于对杂种内有两种生殖细胞的假设是否正确，检验如下。

如果蓝色杂种同纯白鸡进行回交，子代半数为蓝色，另一半为白色。如果蓝色杂种同纯黑鸡回交，一半的子代为黑色，另一半为蓝色。这两个结果都符合这样的假设：蓝色杂种的基因是纯正的，一半为黑色基因，另一半为白色基因。它们出现在同一个细胞内，却没有相互污染。

在刚才的例子中，杂种与双亲任何一方都不一样，从某种意义上说，它是介于两者之间的中间型。在下一个例子中，杂种与一个亲型没有区别。如果黑豚鼠同白豚鼠交配，子代就全是黑色的。子代回交，孙代为三黑一白。

下面的一个例子中，其中两亲非常相似，杂种虽然在某种程度上表现出性中型，但变化很大，以致在变化的两端和两个亲型分别重叠。这些类型只有一对基因的差别。

黑檀色的果蝇同炱黑色的果蝇交配，子代如上所述，呈中间色，而且变化很大。如果这些子代自交，孙代的颜色会由浅而深，构成一个色彩连续的系列。不过，有一些方法可以测试这些深浅不一的颜色。根据测验结果发现，这个系列是由黑檀色纯种、其他杂种和炱黑色纯种三种个体组成的，三者比例为1∶2∶1。这里我们又证明了基因没有被混杂。这一系列连续的颜色，仅仅是性状相互重叠的结果。

所有这些都是简单明了的，因为每个案例中，都只涉及了一对不同的基因。这些案例有助于基因稳定原则的确立。

然而，在实践中，情况并非总是如此简单。许多类型在几个基因上互不相同，每个基因都对同一性状有影响。因此，当它们进行杂交时，无法在杂交里找到简单的比例关系。例如，玉蜀黍的短穗同长穗品种杂交，下一代会出现穗轴长度适中的玉蜀黍。如果这些子代自交，那么，孙代会有各种长度的穗轴。有的像原来短穗族那样短，有的像原来长穗族那样长。这两者都是极端，两者之间是一系列的中间型。对孙代个体的检验表明，有几对基因影响着穗轴的长短。

另一个例子是人的身高。一个人的身高可能是因为腿长，或者是因为躯长，或者两者都是。一些基因可能影响到所有部位，但其他基因可能对一个部分有着更大的影响。其结果是，遗传情况如此复杂，到目前为止还没有得到解决。除此之外，环境也有可能在某种程度上影响最终的结果。

这些是多对因子的例子，遗传学者正试图确定在每个杂交里究竟存在多少个因子，结果很复杂，是因为涉及几个或许多个基因的缘故。

在孟德尔发现被公布之前，正是这种变异性，为自然选择提供了该理论所依据的证据，这个问题将在后面考虑，但首先必须说明，正是 1909 年约翰森（Johannsen）的杰出工作成果，使我们对选择学理论的局限性有了更多的认识。

约翰森用一种园艺植物——公主菜豆进行实验。这种菜豆完全通过自花授粉进行繁殖。由于长期持续的近亲繁殖，每个植株都变成了纯合子，也就是说，每对的两个基因都是相同的。因此，这类材料适合于进行精密的实验，以确定菜豆上的个体差异是否受到选择的影响。如果选择改变了个体的性状，在这种情况下，必须先改变基因本身才行。

每一株植物所产的豆粒大小各异，按照大小排列，会得到正态分布曲线。任何一株植物的所有菜豆和这株植物的世代都有相同的分布曲线（见图 151），无论在每一代中是选大豆子还是挑出小豆子，后代总是产生相同的豆粒大小分布曲线。

约翰森从检查的那些菜豆中发现了九族菜豆。他解释为，从一个特定的植株得到大小不同的豆子，是由最广泛意义上的环境造成的。只需要在开始时选择每对两个相同基因的材料，就可以证明这一点。这证明了选择对基因本身的改变没有影响。

如果开始选择有性繁殖的动物或植物不是纯合的，那么，直接结果是不同的，有许多实验证明了这一点，如 Cuenot 的斑毛鼠的实验，或麦克道威尔（MacDowell）的家兔耳长的实验，或伊斯特和哈耶斯（Hayes）的玉蜀黍的实验。其中任何一个实验结果，都可以作为一个例子来说明在选择下所发生的变化。这里只举一个例子就够了。

卡塞尔（Castle）研究了一种披巾鼠毛色式样的选择效果（见图 152）。从市售披巾鼠的子代开始实验。一头选择有最宽条纹的鼠，另一头选择有最窄条纹的鼠，并把这两系分隔开来。经过几个世代后，这两群披巾鼠变的明显不同：一群的背侧条纹平均比原来的鼠群更宽；另一群则是条纹更窄。选择作用已经以某种方式改变了条纹的宽度。到目前为止，结果中没有任何东西表明，这种变化不是由于通过选择决定背侧条纹宽度的两组因子分离开来所造成的。然而，卡塞尔认为，他所研究的是一个单一基因，因为当披巾鼠同全黑鼠（或全褐鼠）杂交，并将子代杂种（F_1）鼠又进行回交时，孙代便得到全黑鼠（或全褐鼠）与披巾

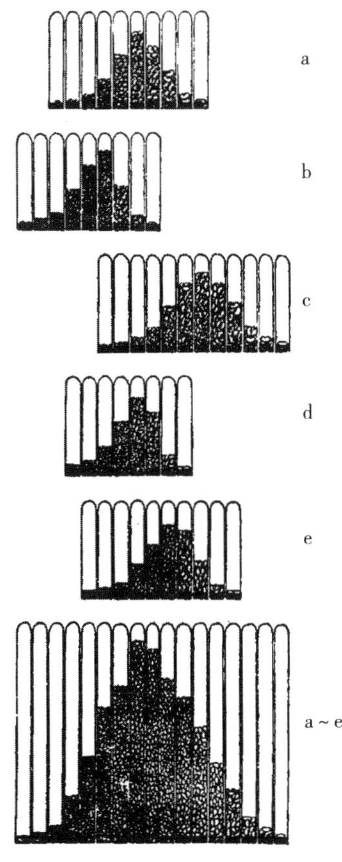

图 151　公主菜豆的四个纯系和总体群

a ~ e群的菜豆代表5个纯系；下面a ~ e群是由5个纯系合并而成（仿约翰森）。

鼠两型，比例是 3∶1。这个孟德尔比率确实表明了毛上的有色条纹是由于一个隐性基因造成的，但它却并没有表明这种基因的影响，可能不会受到决定条纹宽度的其他遗传因子的影响，而这才是真正的问题所在。

图 152　披巾鼠的四种类型（仿卡塞尔）

后来由怀特（Wright）设计并由卡塞尔进行的一项实验表明，事实上，这些结果是由于条纹宽度的修饰基因被隔开所致。实验的过程如下：将精心选择的各族同野鼠进行回交，即全身黑色或褐色野鼠，获得第二代条纹鼠。用第一次回交得到的孙代（F_2）条纹鼠重复这一过程。在回交两三代后发现，被选择的一群，开始变回了原来的样子。挑选出的具有窄带条纹的一族向宽带条纹鼠变化，而挑选出的具有更宽条纹的一族则向更窄的条纹一族变化。换句话说，这两个被精心挑选的种族变得越来越像对方，也越来越像它们最初的那一族。

这一结果与以下观点完全一致：在野鼠中存在着影响条纹鼠的条纹宽度的修饰因子。换句话说，最初的选择作用，使条纹变宽或变窄的基因分离开来，从而改变了条纹的性状。

卡塞尔曾一度声称，披巾鼠的实验结果，重新确立了所谓的达尔文的一个观点，即选择作用本身使遗传物质在选择方向上发生变化。如果这真是达尔文的意思，那么，这种对变异的解释似乎会极大地巩固了自然选择的理论，因为它是进化发生的方法。卡塞尔在 1915 年说道："到目前为止，我们获得的所有证据都表明，外部修饰因子无法解释在披巾纹中所观察到的变化，而披巾纹本身就是一个明确的孟德尔单元。我们不得不作出以下结论：这个单元本身在反复的选择下向着选择的方向变化着；有时，突然地像'突变'族那样，突变族本身是一个高度稳定的正向变异；但更多的是逐渐的变化，像在正向和反向两个选择系列中连续发生的那样。"

第二年，卡塞尔又说道："目前许多遗传学者认为单元性状是不可改变的。……几年来，我一直在研究这个问题，我得出的一般结论是：单元性状是可以改变的，也是可以重组的。许多孟德尔学派的人们不这么认为，但我认为这是因为他们对这个问题研究得不够仔细。毋庸置疑，单元性状是可以被定量改变的。……

那么，选择作为进化中的一个动力，就必须恢复它在达尔文估计中的那种重要地位，它是一个能够产生连续和渐进的种族变化的动力。”

仔细阅读达尔文的论著，会发现并没有明确地表明，他相信选择作用决定或影响未来变异的方向，除非我们把达尔文的获得性遗传理论引入这个领域。

达尔文坚信拉马克的理论。每当他的自然选择学说遇到困难时，他都会毫不犹豫地运用这个学说。因此，任何愿意这样做的人（尽管达尔文本人似乎没有把这两种观点放在一起，卡塞尔也没有）都会合乎逻辑地指出，每当一种更有利的类型被选择时，它的生殖细胞就会受到它自己身体所产生的泛子影响，而且可能会朝着被选择的性状方向改变。因此，每一个新的进展都将从一个新的基础开始，如果在这个基础上发生分散的变化，作为一个新的模式，超越了以前的边界，那么，进一步的发展，将有望在最后一个进步发生的方向上出现。换句话说，自然选择会在每次选择发生的方向上更进一步。

但是，正如我所说，达尔文从来没有利用这个论点来支持他的选择学说，尽管可以说，每当他发现自然选择不足以解释一种情况，只好援引拉马克的原理来支持新的进展时，原则上他就是这样做的。

今天，我们认为选择作用，无论是自然的还是人工的，最多只能在原有基因组合可以影响的变化范围内引起变化，换句话说，选择作用不能使一群（物种）超越它原有的极端变异。严格的选择可以使一群的所有个体都接近原始种群所表现的极端类型的程度，选择不能超过这个程度。现在看来，只有通过一种基因内所发生的新突变，或通过一群旧基因内的集体变化，才有可能发生像我们现在看到的前进一步或后退一步的永久性进展。

这一结论不仅是根据基因稳定性理论的逻辑推论，而且是基于大量观察，这些观察表明每当一群生物遭到选择时，它们开始变化很快，但很快就会缓慢下来，不久就停止了变化，而与原群中少数个体所表现的极端类型相同或相近。

到目前为止，已经在杂种内基因的污染方面和从选择的角度，对基因的稳定性问题进行了研究。关于躯体本身对基因的组成的影响，只是稍有涉及。如果基因受到杂种躯体性状的影响，那么，杂种体内基因的精确分离，也就是孟德尔第一定律的基本假设，就不可能实现。

这一结论使我们要面对拉马克的获得性遗传理论。现在暂不考虑这一理论的各种主张，那样会离题太远。如果像这一理论所假设的那样，生殖细胞受到躯体的影响，即某一性状的改变可能带来特定基因的相应改变，这里可以关注某些预期关系的变化。

下面几个例子，可以说明其中的主要事实。黑家兔同白家兔交配，杂种幼兔是黑色的，但杂种的生殖细胞有产生黑毛的和产生白毛的两型，各占半数。杂种的黑毛对产生白毛的生殖细胞没有影响。无论白毛基因在黑毛杂种中停留多久，白毛基因仍然是白毛基因。

然而，如果白毛基因被解释为某种实体，那么，假定拉马克理论成立，它就应该表现出该基因所寄居个体性状的一些效应。

如果白毛基因被解释为黑毛基因的缺失，当然就没有理由认为杂种的黑毛能够影响一个并不存在的东西了。对任何主张存缺理论的人来说，利用这个观点来反对拉马克理论是没有说服力的。

不过，还有一种方法可能更为妥当。白花紫茉莉同红花茉莉杂交，产生了一个中间型杂种，开桃色花（见图 5）。如果把白色解释为一个基因的缺失，那么，红色一定是起源于一个基因的存在。杂种花的桃色比红色淡，如果这个性状影响到基因，那么，这个杂种体内的红花基因应该被花的桃色所冲淡。但这里和其他地方都没有这种效应的记载。红花基因和白花基因在桃色杂种内分离开来，没有任何体细胞效应的反应。

另一个实验也许是反驳获得性遗传理论的有力的论据。有一种称为“不整齐腹缟”的果蝇，其腹部的规则带状结构或多或少地消失了（见图 153）。在食物丰富、培养液潮湿且呈酸性时，从培养液中最初孵化出的果蝇的这种情况最为明显。随着培养基的老化和干燥，孵出的果蝇的外形越来越正常，直到最后无法与野生型果蝇区分开来。这个对环境极其敏感的遗传性状，为研究躯体对生殖细胞的可能影响提供了有利的证据。

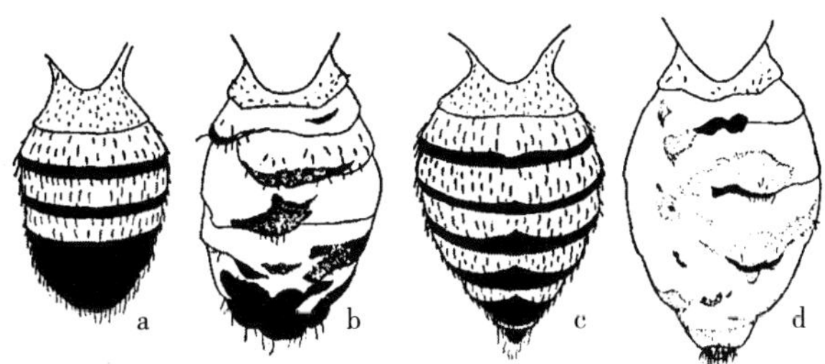

图 153　果蝇的正常腹和不整齐腹缟突变型

a：正常雄蝇的腹部；b：“异常”腹缟雄蝇的腹部；c：正常雌蝇的腹部；d：不整齐腹缟雌蝇的腹部。

第一批孵化的腹缟不整齐的果蝇与孵化较晚腹部正常的果蝇，在同一条件下同时分别繁育，两者的子代完全相同。最早孵化出来的腹缟不整齐的果蝇，是不正常的，较晚孵化出来的则比较正常。就生殖细胞而言，亲体的腹部是正常与否，并没有什么区别。

如果有人认为这种影响可能太小，一开始看不出来，这里可以补充一下，较晚孵化的果蝇已经连续繁殖了十代，结果也没有任何差异。

另一个例子也同样具有说服力。果蝇有一种突变型叫作无眼型（见图 30），它们的眼比正常的眼要小，而且变化很大。通过选择，产生了一个纯粹的原种，其中大多数果蝇无眼，但是，随着培养基变老，无眼型果蝇也越来越多，而且眼更大。如果我们用这些较晚孵化的果蝇进行繁殖，其子代与无眼型果蝇的子代是一样的。

在不整齐腹缟的例子里，晚期孵化的幼虫，其对称和色素形成都不是一个明显存在的性状，在这里，晚期孵化的果蝇里，眼的存在却是一个正的性状，可能被认为是提供了比不整齐腹缟更好的证据。然而，两例的结果仍然是一样的。

这里完全没有必要考虑过去几年中出现的众多主张者，他们自认为提供了获得性遗传的证据。我只选择一个最完整的案例，它提供了结论所依据的数字和定量的资料。我这里指的是杜肯（Durken）最近的研究。这个实验似乎是精心进行的，在杜肯看来，它为获得性遗传提供了证据。

杜肯研究的是普通甘蓝粉蝶（*Pieris brassicae*）的蛹。自1890年以来，人们就已经知道，当某些蝶类的幼虫化蛹时（即从幼虫变为静止的蝶蛹），蛹的颜色在一定程度上受到环境的影响，或受到照射光线颜色的影响。

例如，如果粉蝶幼虫在白天甚至在微弱的光线下生活和蜕变，蛹的颜色是相当深的；但如果幼虫生活在黄色或红色的环境，或在黄色或红色帘后，则蛹呈现绿色。蛹的绿色之所以形成，是由于缺乏表层黑色素，在这种情况下，内部的黄绿色会透过皮层表现出来（见图154）。

杜肯的实验是在橙色（或红色）灯光下饲养的幼虫，蛹呈现出浅色或绿色。把由蛹转化而成的蝶放在野外的笼子里饲养，并收集它们的卵子。将这些卵子孵化出幼虫，有些放置在有色灯光下饲养，另一些则放置在强光或黑暗中饲养，后者作为对照组。实验结果的摘要如图155所示。图中，黑色幼虫的数量用黑条长度表示，绿色或浅色幼虫的数量用浅色条表示。事实上，

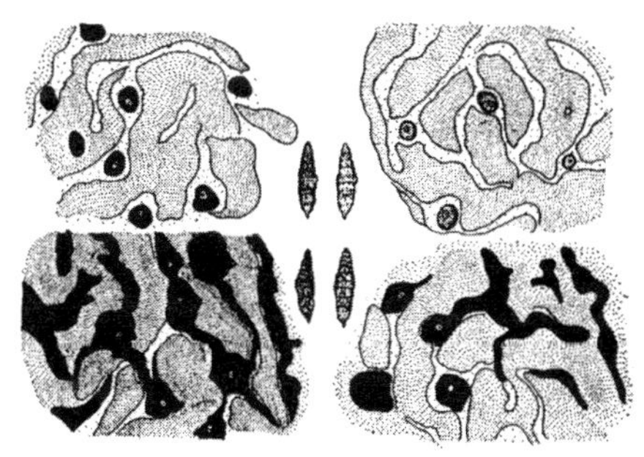

图 154　粉蝶各色蛹体上色素细胞的分布

中间是 4 只不同颜色的蛹。在它们周围，显示了不同颜色类型里，表皮内色素细胞的特殊排列（仿 Leonore Brecher）。

这些蛹被分为 5 个颜色群，其中 3 群合并为黑色，另外两个为浅色。

如图 155 所示（1 代表正常的颜色），几乎所有随意收集或在自然环境下收集的蛹都是黑色的，只有少数是浅色或绿色。把从这里产生的幼虫放在橙色环境内饲养，当幼虫转化为蛹时，浅色类型有很高的比例。如果只挑出浅色类型来饲养，有的放置在橙色光下，有的放置在白光下，其他的放在黑暗中，结果如图 155 中的 3a 和 3b 所示。在 3a 中，浅色蛹比以前更多，由于连续两代都在橙色环境中，效果就更明显了。然而，3b 的一组才更有意义。比起野生型 1 出现的蛹，有更多的浅色蛹出现在光照或黑暗中饲养的条件下。杜肯认为，这种浅色蛹的增加，部分归因于橙色光对上一代的遗传影响，部分归因于新环境的相反方向的影响。

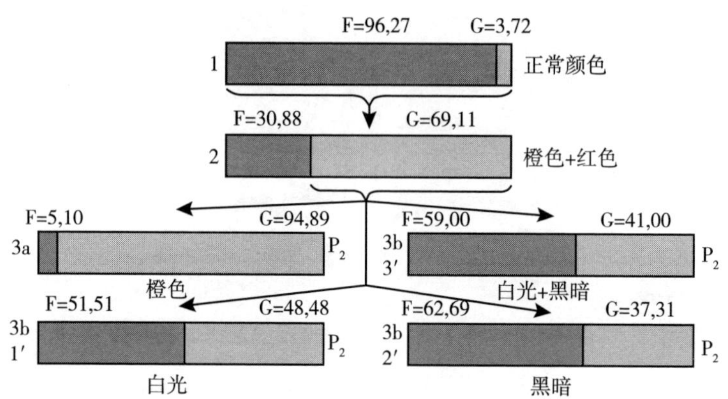

图 155　粉蝶中深色蛹和浅色蛹的百分比与选择结果（仿杜肯）

从遗传学的角度来看，这种解释并不令人满意。实验表明，首先，不是所有的幼虫都对橙色光有反应。如果那些有反应的幼虫在基因上是不同的，那么，当实验里的浅色蛹被挑选出来进行第二次橙色光实验和在明暗中进行对照实验时，我们已经在处理一个反应更强烈的类型，一个被筛选出来的群体，并且有望在下一代中会再度反应，事实上也的确如此。

因此，除非一开始便采用遗传上同质的材料，或者采用其他对照实验，否则这项证据无法证实环境的遗传效应。

几乎所有已经完成的此类研究，都或多或少的存在同样的错误。如果现代遗传学没有更多的成就，那么证明这种证据的无价值性，也算是遗传学的一个成就。

现在我们可以讨论一组案例，其中一些的生殖细胞本身很可能受到了特殊处理后的直接损害，而且受损害的生殖物质被遗传给了以后各代。由于这种损害，连续几代都可能出现畸形。这意味着，上述处理没有通过先在胚胎身上产生的缺陷来影响生殖物质，而是同时影响到了胚胎和它的生殖细胞。

斯托克德（Stockard）就酒精对豚鼠的影响，进行了一系列的长期的实验。他把豚鼠放在有酒精的封闭箱子里，豚鼠呼吸着含有酒精的空气，数小时后完全昏迷。这种处理持续了很长一段时间。有些豚鼠在处理中进行交配，另一些则在处理结束后才进行交配。两者的结果基本相同：许多胎儿流产或被吸收了，另一些则生下来就是死的，还有一部分表现出了畸形，特别是在神经系统和眼方面的畸形（见图 156）。只有那些本身没有显示出缺陷的幼豚鼠才能交配。在它们的子代中，畸形幼龄豚鼠继续和外观正常的个体持续出现。在后来的几代中，畸形豚鼠继续出现，但只是来自某些个体。

图 156　酒精中毒的祖代对于豚鼠后代的影响（仿斯托克德）

检查经过酒精处理的谱系，没有任何实验结果表明符合已知的孟德尔式比例。此外，畸形豚鼠所表现出的不同部位上的效验，并不像在涉及单个基因变化时遇到的那样。另一方面，这些缺陷，与我们在实验胚胎学中所熟悉的受到毒物处理以后的卵子发育异常，有许多相似之处。斯托克德提醒人们注意这些关系，并将他的结果解释为酒精对生殖细胞产生了某种损害，有关遗传机制的某些部分的损害。这种影响只限于身体某些部分，仅仅因为这些部分对于任何偏离正常发育正轨的变化最为敏感。这些部分最常见的是神经系统和感觉器官。

最近，奈特（Little）和巴格（Bagg）就镭射线对妊娠鼷鼠和大鼠的影响，进行了一系列的实验。在适当处理后，子宫内的胎儿可能会畸形发育。在产前检查时，许多鼷鼠在脑髓和脐带或其他地方（特别是在四肢原基）显示有出血区（见图 157）。这些胚胎有的在分娩前死亡，并且被吸收，另一些则流产。还有一些是活着出生的，其中一些存活下来并可以繁殖。它们的后代往往在大脑或四肢上表现出严重的缺陷。一只或两只眼可能有缺陷，也许没有眼，或者只有一只很小的眼。巴格用这些鼷鼠交配，发现它们产生了许多畸形的子代，一般情况下，这些子代的缺陷与在原来胚胎身上直接引起的缺陷大致相似。

我们应该如何解释这些实验呢？镭是否首先对正在发育中的胚胎的大脑产生影响，造成缺陷，并且由于这些缺陷的存在，同一胚胎的生殖细胞也受到影响？这种解释显然是不通的。我们应该期望，当只有脑髓受到影响时，下一代显示出大脑的缺陷；当眼是受影响

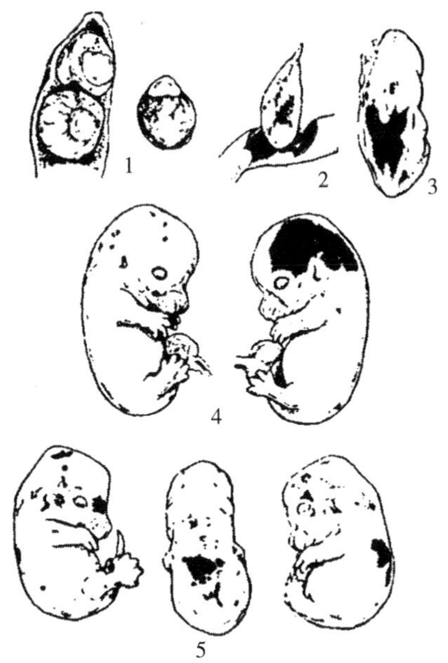

图 15/　母体受镭射线照射后，子宫内
胎儿的出血区域（仿巴格）

的主要器官时，下一代只显示出眼的缺陷。就目前的研究成果，结果并非如此，因为畸形脑、正常眼的鼷鼠可能产生有缺陷眼的子代。换句话说，这里没有特定的效应，而是一个普遍的效应。

另一种解释是，幼鼠在子宫内的生殖细胞受到了镭的影响。当这些生殖细胞发育成新的一代时，这些个体是有缺陷的，因为其正常发育受到最大干扰的那些器官，也正是最容易受到发育过程中任何改变的影响的器官。总而言之，它们是发展过程中最薄弱或平衡最精微的一个发育阶段，因此也是最先表现出任何偏离正常轨道的影响的阶段。我认为，这是目前对这些实验和类似实验最合理的解释。

第十九章
一般性结论

前面的章节主要讨论了两个问题：染色体数目变化后的影响，以及染色体内部变化（基因突变）后的效应。基因论的范围很广，足以涵盖这两种变化，尽管基因论主要关注的是基因本身。通常，突变一词也包括这两种方法所产生的效应。

这两种变化，与目前的遗传学理论有重大关系。

染色体数目和基因的变化

当染色体的数目增加 2 倍、3 倍或任何倍数时，个体所有的基因种类与以前相同，它们之间的数字比例也保持相同。如果不是因为胞质体积可能不会随着基因数目的增加而扩大的话，就不会有预期，认为这种基因数目的变化会影响个体的性状。目前还不清楚胞质体积不能相应增大意味着什么。无论如何，实验结果表明，三倍体、四倍体以及八倍体等，在任何性状（除了体积）上，都与原来的二倍体类型没有明显的差异。换句话说，产生的改变可能非常多，但与原来的变化没有明显的区别。

另一方面，如果原来的一群染色体增加了一两条同对的染色体，或两条以上的异对染色体，或减少一整条染色体，就可以预期这些变化会对个体产生更明显的效应。有一些证据表明，当存在许多染色体时，或变化发生在一条小的染色体上时，这种增减就不会那么激烈。从基因论的角度来看，这种结果是可以预见的。例如，增加一条染色体，便意味着现有很多基因都可以增加到3倍。由此，基因的平衡发生了变化，即现在某些种类的基因比以前多了，但由于没有增加新的基因，预计这种变化的效应会表现在许多性状上，表现在强度有所提高或降低许多性状上，有的提高了强度，有的降低了强度。这与目前所知道的事实相吻合。然而，值得注意的是，就目前所知，一般的结果都是有害无益的。如果对内部和外部关系进行适当调整，使之在正常个体中尽可能地完美，正如长期进化史中人们所期望的那样这也是意料之中的。

这种变化对许多部分都有细微的影响，所以并不意味着这种影响比由单个基因变化引起的每次一步的变化更有可能建立一个新的可存活类型。

此外，增加两条新的同类染色体虽然有可能产生一个稳定的新遗传类型，但并不能改善这种情况，据我们所知（目前证据不多），适应情况甚至会恶化。由于这些原因，要用这种方法把一个染色体群变化成另一个染色体群，似乎并不容易做到，尽管不能完全排除这种可能性。目前，我们需要更多的材料来解决这个问题。

同样的论点也适用于一群染色体里增加或减少了一染色体的某些部分的情况，尽管可能不那么强烈。这里，产生的效应与前例性质是相同的，只是程度较小，因而更难确定它们对于生存能力的最终影响，究竟是有害的还是有益的。

过去几年的遗传学研究结果已清楚地表明，在亲缘关系相近的各物种之间，甚至在整个科或目之内，尽管都有相同数目的染色体，但也不能贸然假设，甚至在亲缘关系相近的物种之间，染色体上的基因总是相同的。遗传学证据表明，重新调整染色体内或群基因位置上的顺序排列，以及通过不同染色体之间或成段基因的易位，染色体都可以重新改组，而体积上没有明显的差异。甚至整条染色体之间，也可能有各式各样的重新组合，而不改变原来的数目。这些改变将深刻地影响连锁关系，从而影响各种性状的遗传方式，但不会改变相关基因的总数或种类。因此，除非遗传学观察得到细胞学研究的证实，否则，把染色体数目的相同看成是基因群也完全相同，这是不妥当的。

改变染色体数目有两种方法：第一，两条染色体联合成一体，例如，附着 X 染色体；第二，染色体断裂成片，如汉斯发表的待霄草和其他几个案例。塞勒（Seiler）描述的蛾类中某些染色体的暂时离合，也属于这一范畴，特别像他所设想的，分离后的要素有时会重新组合。

与大量基因所产生的影响相比，由一种基因内的变化产生的影响，乍看起来显得更为激烈。然而，这种最初的印象可能是错误的。遗传学家研究的许多显著的突变性状，确实与同对的正常性状有明显的不同，但这些突变性状之所以屡被选作研究对象，正是因为它们与典型性状有明显的区别，在以后的世代中可以很容易地分辨出来。它们的辨别是准确的，与细微差异，或者互相掩叠的同对性状相比，结果也比较可靠。此外，怪异和极端的变化，有时甚至达到“畸形”的程度，是最有可能引起人们注意和兴趣的，因此被人们用于遗传学研究，而不太明显的变化则被忽视或放弃了。遗传学家都熟悉这样一个事实：对任何特定群体的研究越深入，就会发现更多开始被忽视的突变性状，由于这些突变性状非常接近正常类型，因此越来越明显的是，突变过程既涉及非常小的改变，又涉及非常大的改变。

在较早的文献中把极端的畸形称为“怪异”（突变 =Sport），在很长一段时间里，人们认为这些怪异同所有物种里经常存在的细微差异或个体差异，即通常所说的变异，可以明显区分开来。现在我们知道，并不存在这种鲜明的对比，怪异和变异可以有相同的起源，并且按照相同的规律遗传。

许多细微的个体差异，确实是由于发育时的环境条件造成的，而浅显的观察往往不能区分这种变异性和由遗传因子引起的细微变化。现代遗传学最重要的成果之一，就是承认了这一事实，并发明了一些方法来判断这些细微的差异究竟是源于哪一种因素中的哪一个。如果像达尔文所设想的那样，以及像今天普遍接受的那样，进化过程是通过细微变异的缓慢积累过程而进行的，那么，这里所利用的一定是遗传上的变异，因为这些变异是可以遗传的，而那些由环境影响而产生的变异则不能。

然而，绝不能根据前面所说的情况，就认为突变体的变化只在身体的某一特定部位，产生单一的显著的变化，或者单个细微的变化。相反，从果蝇研究中得到的证据，与从精细研究其他物种得到的证据一致，这就表明，即使在某一部分被大幅改变的情况下，其他效应也常出现在身体的几个或所有部分。这些附属影响不仅涉及结构上的改变，而且还涉及生理上的影响，如果我们可以从突变体的活动、孕育性和生命长度来判断的话。例如，果蝇特有的正向趋光性，但是，当一般体色发生轻微改变时，向光性也就消失了。

相反关系也一定存在。一个影响生理过程和生理活动的突变基因，其细微的变化可能经常伴随着外部结构性状上的改变。如果这些生理变化是为了使生物体更好地适应环境，那么，这些变化可能会延续下去，有时还会促成某些新型的生存。然后，这些稳定的新型可能在表面性状上与原型不同。既然许多物种间的差异似乎都属于这一类，所以我们可以合理地认为：它们的恒定性，不在于它们本身的生存价值，而是它们与其他内部性状的关系，而这些内部性状对于物种的安全是很重要的。

根据前面所讨论的，我们可以对整条染色体（或部分染色体）和单个基因引起的突变的差异做出合理的解释。前一种变化本质上没有增加任何的新东西，仅仅涉及了或多或少已经存在的东西，虽然影响的程度微弱，但却涉及了大量的性状。后一种变化——单个基因的突变，也可能产生广泛而轻微的影响，但是，除此之外，经常发生的情况是，躯体的某一部分发生微小的变化，另一部分却发生了显著的变化。正如我所说的，后一种变化为遗传学研究提供了有利的材料，且已被广泛地利用。正是这些突变，现在占据了遗传学出版物的重要版面，并引起了一种流行错觉，即每一个这样的突变性状都只是一个基因的效应，由此又产生了另一种更严重的谬论，即每个单位性状在生殖物质内，都有一个单独的代表。相反，胚胎学的研究表明，躯体的每一个器官，乃至最终的结果，是一个漫长过程才能达到的顶点。

一个变化如果影响了过程中的任何一个阶段，往往也会影响最终的结果。我们所看到的，正是可见的最终效应，而不是效应产生的那个时间点。我们很容易假设，如果一个器官的发育有许多步骤，而且这些步骤中的每一步都受到许多基因作用的影响，那么，身体的任何器官在种质中就不可能有单一的代表，无论这个器官多么微小或微不足道。举一个极端的例子，所有的基因对躯体的每个器官的产生都有影响，这可能只是意味着，它们都产生了正常发育过程所必需的化学物质。如果一个基因发生改变，因而产生某些与以前不同的物质，则最终结果也可能会受到影响，如果这种变化主要影响到一个器官，则可能只有一个基因单独产生了这种效应。从严格的因果意义上讲，这是对的，但这种效应是与所有其他基因一起作用产生的。换句话说，所有基因仍然像以前一样，都对最终结果作出了贡献，只要其中一个基因不同，最终结果也就会不同。

在这个意义上，每个基因可能对某个特定的器官有特定的影响，但这个基因绝不是该器官的唯一代表，它对其他器官甚至躯体的所有器官或性状都有同样的特定影响。

现在回到我们的比较上。一个基因（如果是隐性，当然就意味着一对相同基因）内的变化，与基因数目增加 2 倍或 3 倍相比，更可能破坏所有基因之间的固有关系，所以，前者更多是产生局部的影响效应。推而广之，这一论点似乎意味着，每个基因对发育过程各有一个特定的效应，这与前面的观点并不矛盾，即所有基因或许多基因共同作用而产生一个明确而复杂的最终产物。

目前支持每个基因的具体作用的最好论据，是在许多个等位基因中发现的。在这里，同一基因的变化，主要影响了同一种的最终结果，不仅在一个器官内，而且也包括所有受到明显影响的部分。

突变过程是否源于基因的退化

德弗里斯在他的突变理论中，谈到了我们现在称为突变隐性型的类型，是由一些基因的缺失或失活引起的。他认为这种变化是退化。大约在同一时期或稍后，隐性性状是因为基因从生殖物质中丢失而产生的观点开始流行。目前，一些主要对进化论的哲学讨论感兴趣的批评家，对遗传学家所研究的突变型与传统进化论有关系的观点，进行了猛烈的抨击。对于后一种说法，我们暂不讨论，大可把这个问题留给未来去解决。但关于突变过程，就其对单个基因的影响而言，仅限于基因的缺失或部分缺失或退化（我大胆地称为这种变化）的主张，却是一个具有某种意义的理论上的问题。正如贝特森在1914年的演讲中所阐述的，从这项主张会导致另一种观点：我们在遗传研究中所使用的材料是源于基因的缺失，缺失实际上就是野生型基因的等位性；而且，仅就这一证据在生物进化方面的应用来说，它导致了一个荒谬的论点，即这个过程一直在消耗原来存在的基因库。

在第六章中已经讨论了与这个问题有关的遗传证据，因此没有必要重复叙述，但我仍要重申，根据许多突变性状都有缺陷，甚至部分或完全缺失的事实，从而得出它们一定是由于生殖物质中缺少相应的基因而造成的结论，这是没有理由的。除了缺失假说的武断性，任何关于这个问题的直接证据，正如我试图证明过的，都是不支持这种观点的。

然而，还有一个令人感兴趣的问题：那些导致突变性状发生的基因上的一些或许多变化（无论是隐性、中间型还是显性，都没有区别），是否可能是由于一个基因的分裂，或重组为另一种要素，从而产生不同的效应呢？然而，没有理由假定这种变化（如果发生的话）是一种走下坡路的变化，而不是进化成一种更复杂的基因，除非先验地认为一种高度复杂化合物的破坏，比它的组成更好实现。在我们知道更多有关基因的化学构成，以及它们如何生长和分裂的理论知识之前，论争双方论点的是非曲直都是徒劳。对于遗传理论来说，只需要假设任何一种变化都足以作为观察到的事情发生的基础即可。

目前，讨论新的基因是否独立于旧的基因而产生，同样也是徒劳的，讨论基因究竟是如何独立产生的更是徒劳。我们现在还没有任何材料可以支持新基因是独立产生的观点。但要证明它们没有发生，虽然不是不可能，也是极其困难的。古人认为蠕虫和鳗鱼是从河里的黏液中产生的，一般的害虫从黑暗的灰尘角落里产生，似乎并不是不可思议。细菌生命起源于腐烂物质的说法，人们在 100 年前就相信了，要证明这种情况没有发生也是极其困难的。

现在，很难向坚持基因独立产生的人证明基因不能独立于其他基因产生，在遇到不得不做出这种假设之前，遗传理论上不必过多考虑这个问题。目前还没有发现在连锁群内或在它的两端有插入新基因的必要。如果白细胞中的基因数目与构成哺乳动物的所有其他细胞内的基因数目相同，如果前者只构成一个变形虫般的细胞，而后者则集合成人体细胞，那么，似乎也就没有必要假设变形虫的基因较少或人体细胞的基因较多。

基因是否属于有机分子的范畴

讨论基因是否是有机分子的问题，就会涉及它们的稳定性的性质。我们所说的稳定性，可能只是指基因围绕一个确定的众数而变化的倾向，也可能指基因像有机分子稳定性的那种稳定。如果后一种解释可以被确立，遗传问题就会简化。另一方面，如果基因仅仅被看作是一定数量的物质，那么，我们就无法给出令人满意的答案，即为什么基因历经异型杂交中的变化而依然如此恒定，除非我们相信有基因之外的神秘力量使它们保持恒定。

目前，解决这个问题的希望不大。几年前，我曾尝试计算基因的大小，希望能带给这个问题一点启示，但目前我们还缺乏科学的精确测量，以致这样的计算还只是一种期望。这似乎表明，基因的数量级接近较大尺寸的有机分子的数量级。如果这一结果有一些价值的话，它也许表明，基因并不是太大，可以被视为一个化学分子，但再没有比这更进一步的推论了。基因甚至可能不是一个分子，而只是一群以非化学性组合方式固定在一起的有机物质。

虽然如此，当所有这些都得到适当的重视时，就很难抗拒这样一个迷人的假设：基因是恒定的，因为它代表了一个有机化学实体。这是目前人们可以做出的最简单的假设，而且这一观点与所有已知的关于基因稳定性的观点一致，所以它至少是一个很好的试用假说。